U0058339

火星時代

火星上的火箭正準備發射升空。著名太空藝術家切斯利·波尼斯泰爾（Chesley Bonestell）繪於1956年。

火星上壯闊而驚人的景觀，靜候第一批人類造訪。

NATIONAL
GEOGRAPHIC

火星時代

人類拓殖太空的挑戰與前景

李奧納德・大衛／著

《阿波羅13》導演朗・霍華／序言推薦

姚若潔／譯

大石文化 Boulder Media
an IDG company

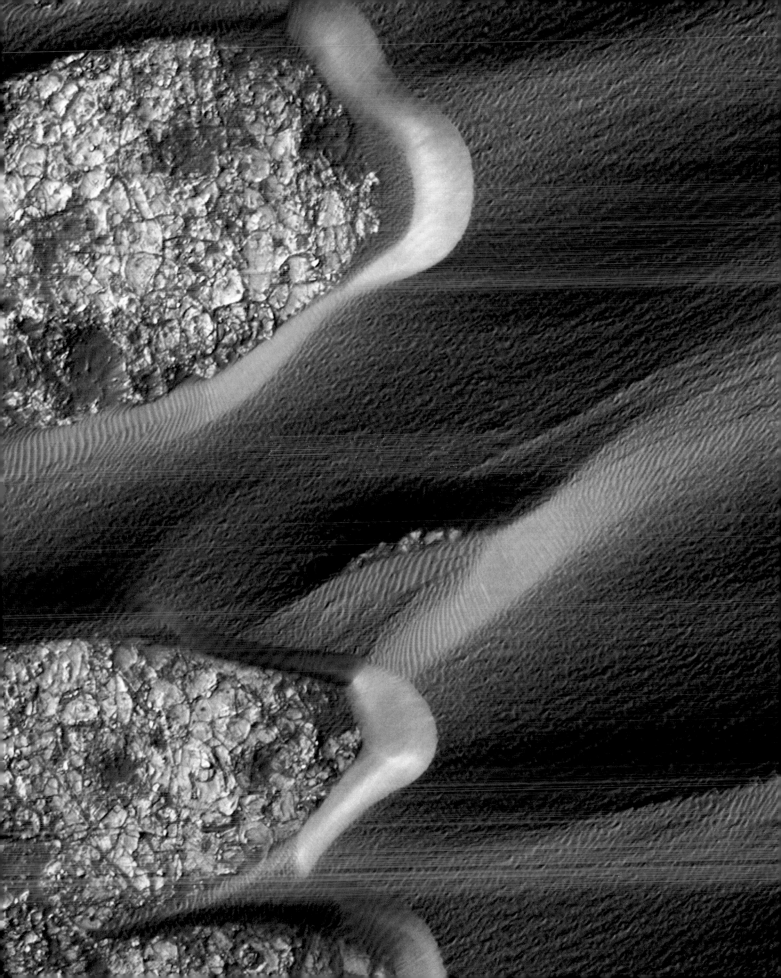

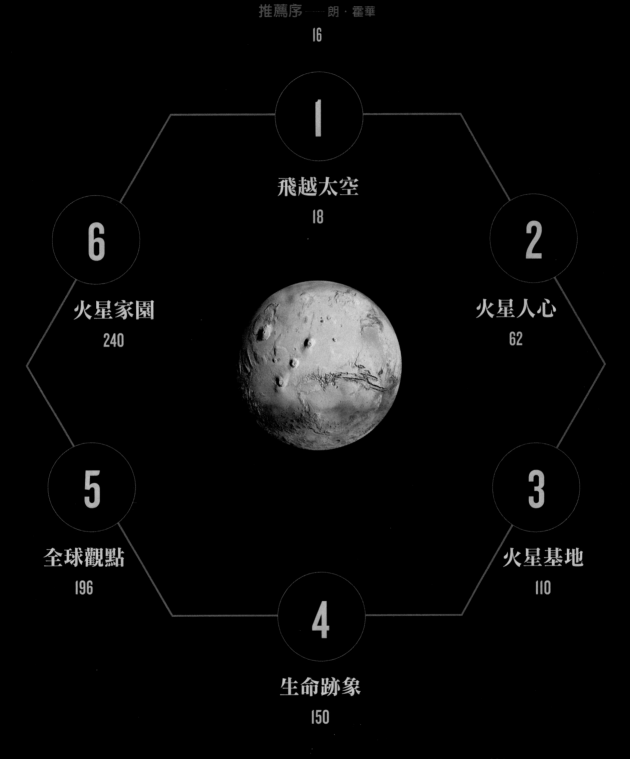

尼利火山口（左頁），火星上最活躍的沙丘地之一。

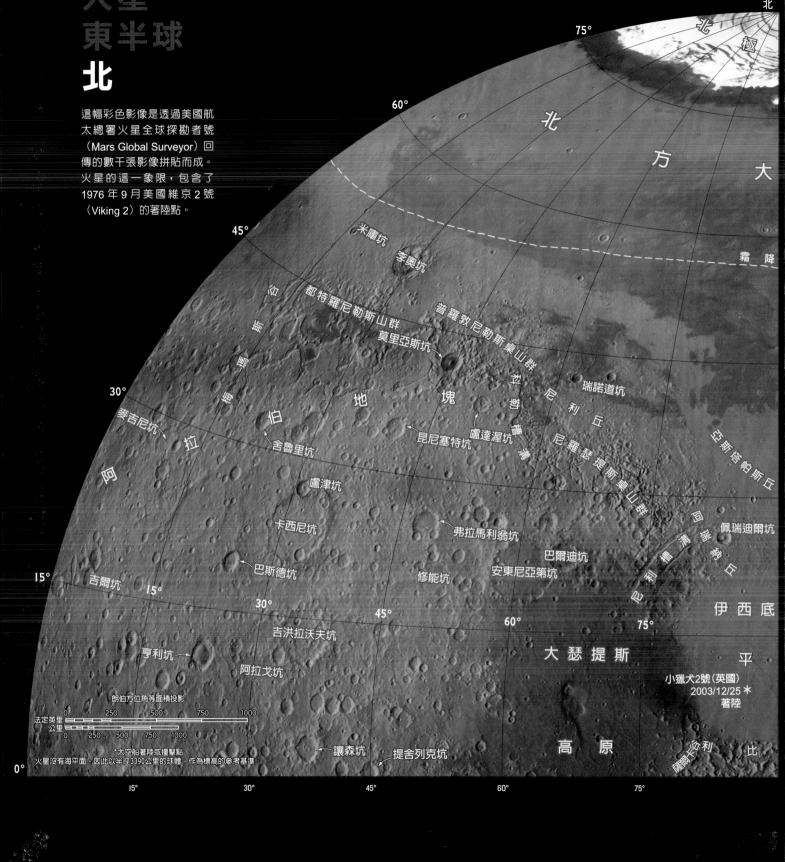

火星
東半球

北

這幅彩色影像是透過美國航太總署火星全球探勘者號（Mars Global Surveyor）回傳的數千張影像拼貼而成。火星的這一象限，包含了1976年9月美國維京2號（Viking 2）的著陸點。

75°
北 極
北

60°

北 方 大

45°
米庫坑
李奧坑
霜 降

普羅敦尼勒斯桌山群

都特羅尼勒斯山群
莫里亞斯坑
瑞諾道坑

30°
地 塊
尼 利 丘
亞斯塔帕斯丘

麥吉尼坑
盧達渥坑
尼羅瑟提斯桌山群

舍魯里坑
昆尼塞特坑

盧津坑

卡西尼坑
弗拉馬利翁坑
佩瑞迪爾坑

巴爾迪坑
阿 嘉 簿 丘

15°
巴斯德坑
修能坑
安東尼亞第坑

吉爾坑
15°

30°
45°
60°
75°
伊 西 底

吉洪拉沃夫坑

亨利坑
大 瑟 提 斯
平

阿拉戈坑
小獵犬2號（英國）
2003/12/25 ✱
著陸

朗伯方位角等面積投影

法定英里 0 250 500 750 1000
公里 0 250 500 750 1000

*太空船著陸或撞擊點
火星沒有海平面，因此以半徑3390公里的球體，作為標高的參考基準。
讓森坑
提舍列克坑
高 原
隆 爾 卡 必

0°

15°
30°
45°
60°
75°

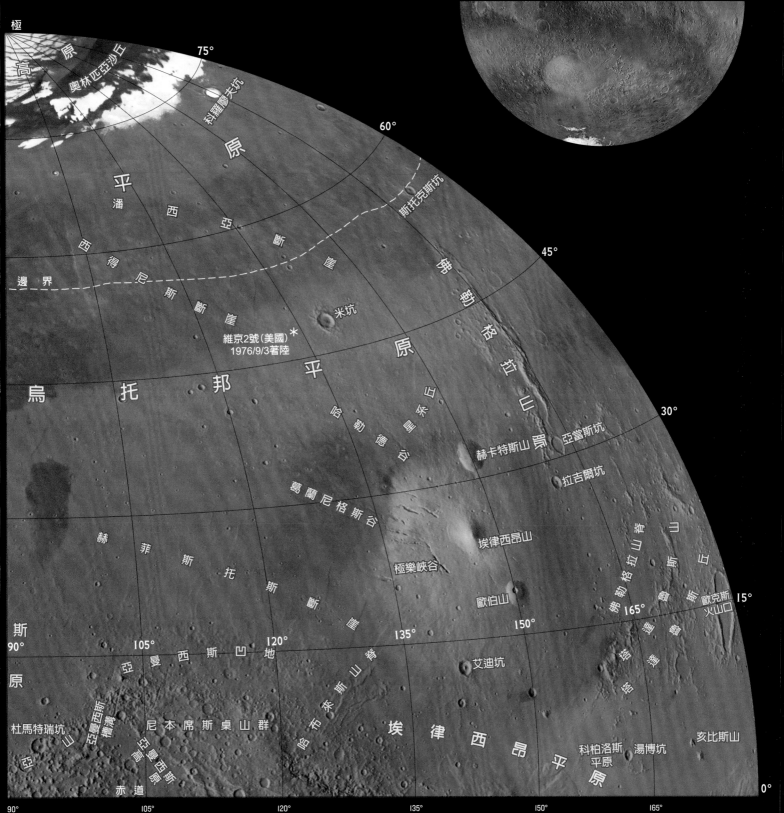

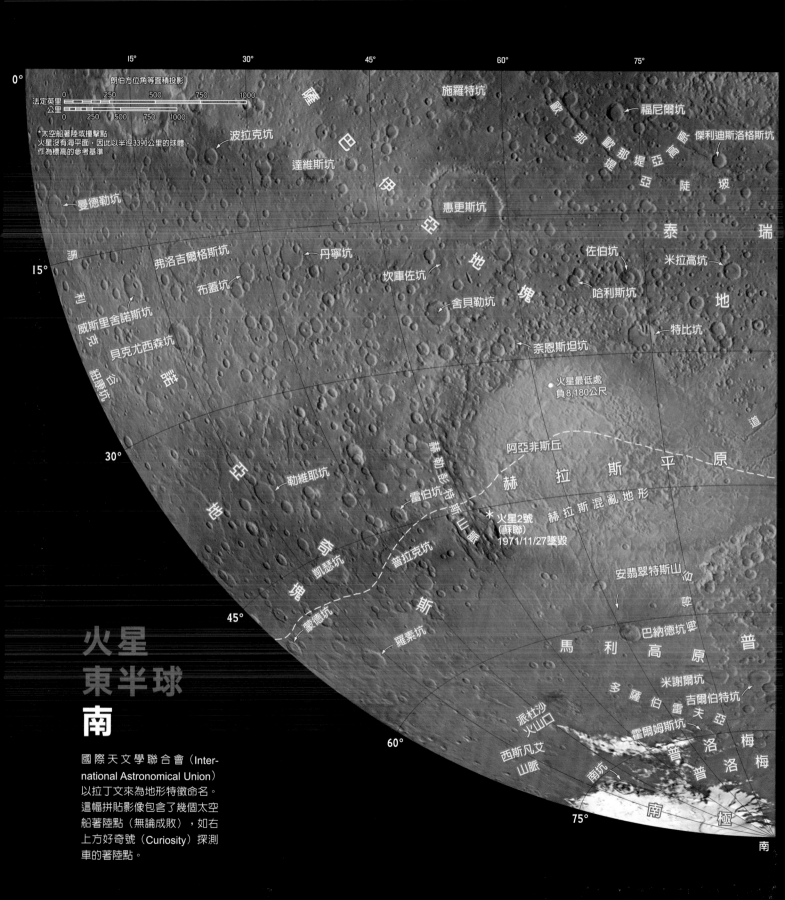

火星
東半球
南

國際天文學聯合會（International Astronomical Union）以拉丁文來為地形特徵命名。這幅拼貼影像包含了幾個太空船著陸點（無論成敗），如右上方好奇號（Curiosity）探測車的著陸點。

0°
15°
30°
45°
60°
75°

朗伯方位角等面積投影

法定英里 0 250 500 750 1000
公里 0 250 500 750 1000

*太空船著陸或撞擊點
火星沒有海平面，因此以半徑3390公里的球體，作為標高的參考基準。

施羅特坑
福尼爾坑
傑利迪斯洛格斯坑
歐那歐那堤亞堤亞陸坡

波拉克坑
達維斯坑

薩巴伊亞凹地

惠更斯坑

泰瑞地

曼德勒坑

弗洛吉爾格斯坑
丹寧坑

坎庫佐坑
佐伯坑
米拉高坑

布蓋坑

溫利克器

威斯里舍諾斯坑

舍貝勒坑
地塊
哈利斯坑

貝克尤西森坑

奈恩斯坦坑
特比坑

韶爾坑
·火星最低處
負8,180公尺

道

赫勒斯彭特山脈

阿亞非斯丘
赫拉斯平原

勒維耶坑

凹地斯

雷伯斯山脈
赫拉斯混亂地形

*火星2號
（蘇聯）
1971/11/27墜毀

安翡翠特斯山沿德陸

凱瑟坑
普拉克坑

巴納德坑罩

馬利高原普

豪德坑

羅素坑

米謝爾坑
吉爾伯特坑
多薩伯雷夫亞

派杜沙火山口

霍爾姆斯坑
洛梅

西斯凡艾山脈

南坑

普洛梅

南極

南

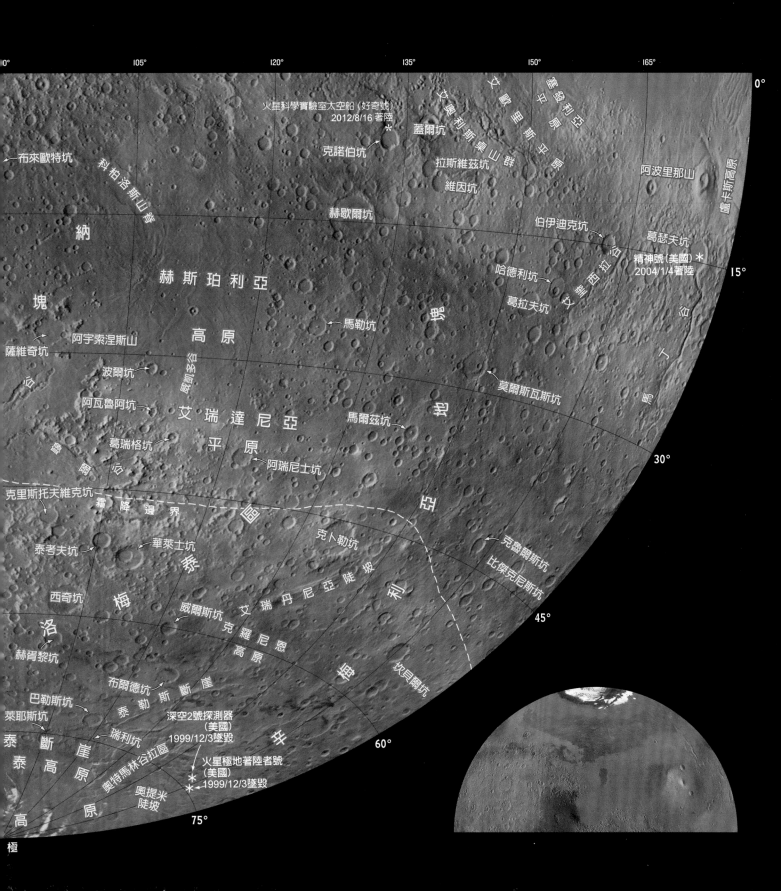

火星科學實驗室太空船（好奇號）
2012/8/16 著陸

布來歐特坑

科柏洛斯山脊

蓋爾坑

克諾伯坑

艾歐利斯平原

塞壬利亞平原

艾歐利斯桌山群

拉斯維茲坑

維因坑

阿波里那山

盧卡斯高原

納

塊

赫斯珀利亞

伯伊迪克坑

葛瑟夫坑

哈德利坑

精神號（美國）
2004/1/4 著陸

赫歇爾坑

高原

塊

地

馬勒坑

葛拉夫坑

阿宇索涅斯山

薩維奇坑

波爾坑

威凱多谷

莫爾斯瓦斯坑

艾瑞達尼亞

阿瓦魯阿坑

區

葛瑞格坑

平原

馬爾茲坑

阿瑞尼士坑

利

克里斯托夫維克坑

霜降邊界

克卜勒坑

克魯爾斯坑

比傑克尼斯坑

泰考夫坑

華萊士坑

梅

亞

西奇坑

威爾斯坑

艾瑞丹尼亞陡坡

坎貝爾坑

洛

克羅尼恩

高原

赫胥黎坑

布爾德坑

泰勒斯斷崖

巴勒斯坑

深空2號探測器
（美國）
1999/12/3墜毀

梅

萊耶斯坑

瑞利坑

火星極地著陸者號
（美國）
1999/12/3墜毀

泰

斷

崖

奧特馬林谷拉區

高

高原

奧提米陡坡

極

75°

60°

45°

30°

15°

0°

0°   105°   120°   135°   150°   165°

沙子在風的吹拂下，在火星的恆河峽谷（Ganges Chasma）一帶，繞著山丘形成弧線。

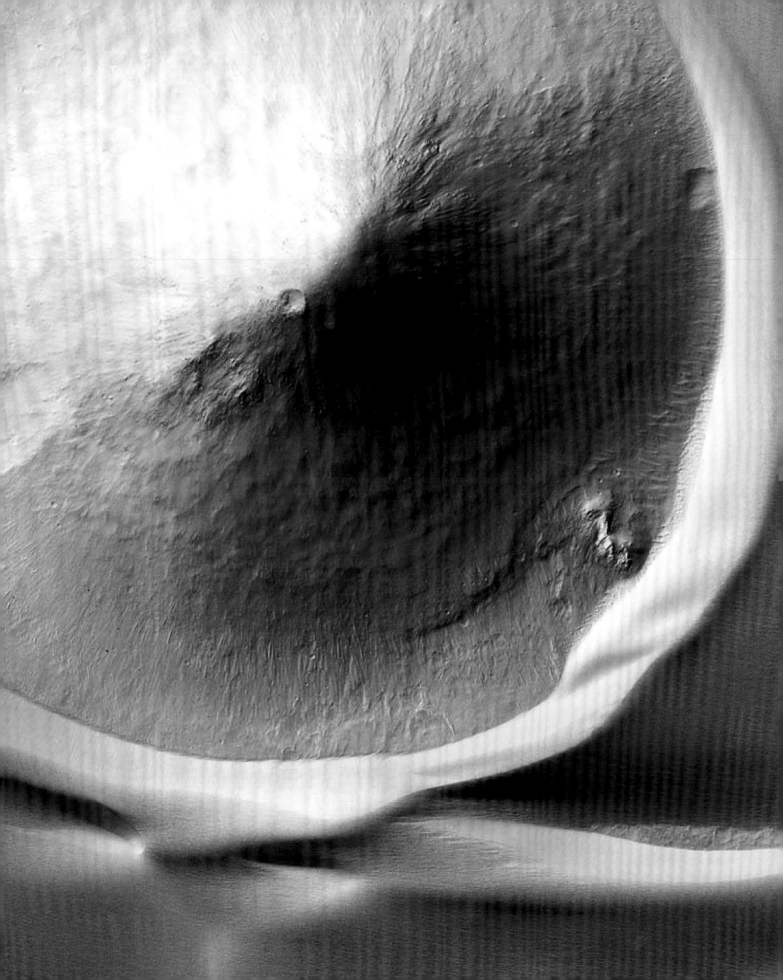

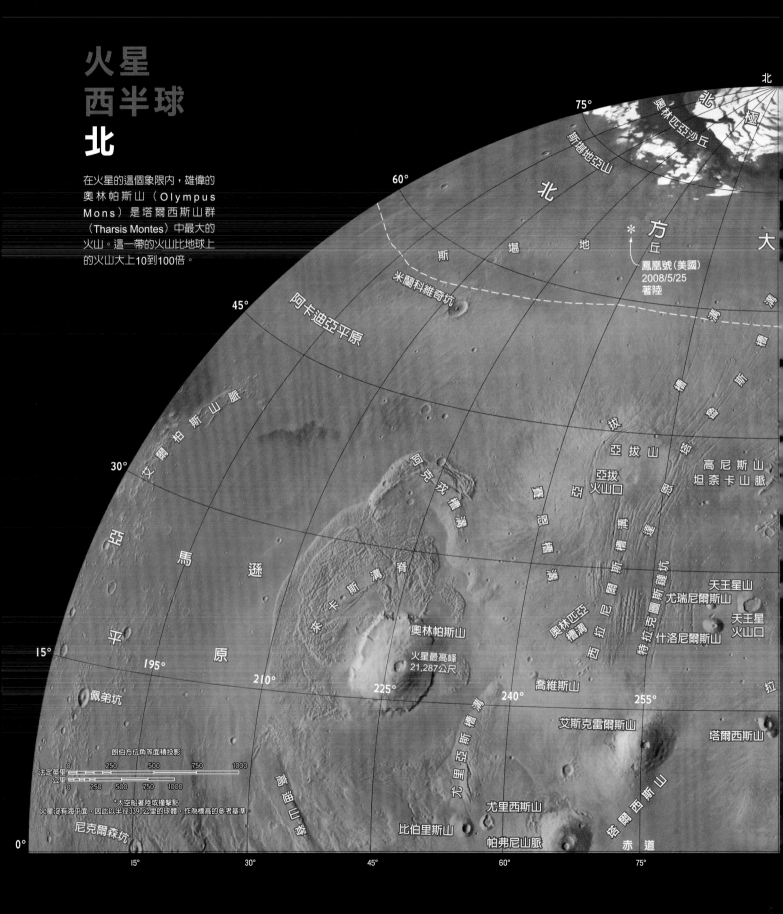

火星
西半球
北

在火星的這個象限內，雄偉的奧林帕斯山（Olympus Mons）是塔爾西斯山群（Tharsis Montes）中最大的火山。這一帶的火山比地球上的火山大上10到100倍。

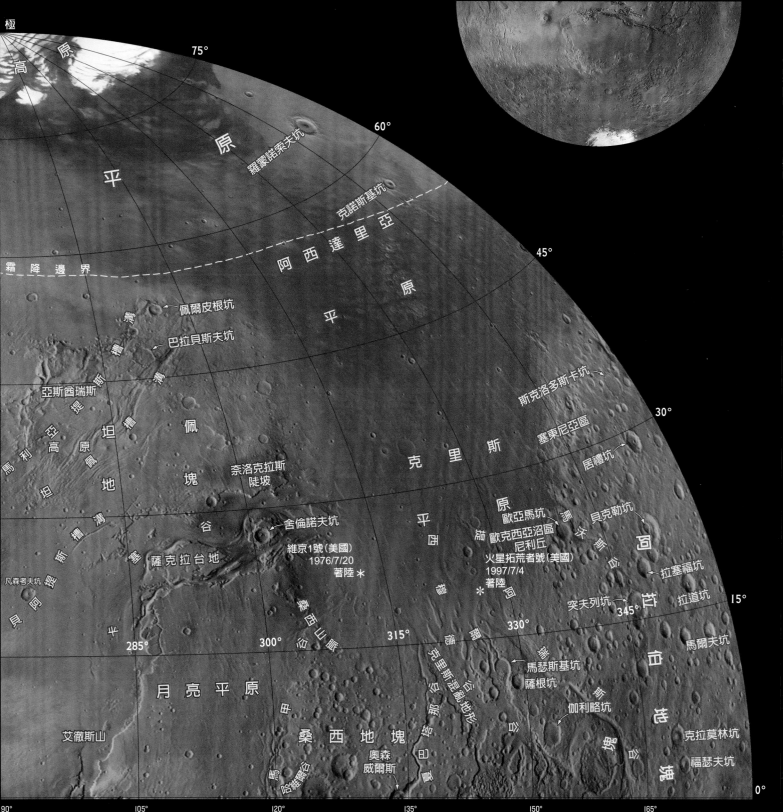

極

75°

60°

高
原

平

原

45°

羅豪諾索夫坑

克諾斯基坑

阿西達里亞

30°

霜降邊界

平

原

佩爾皮根坑

巴拉貝斯夫坑

亞斯酋瑞斯

斯克洛多斯卡坑

塞東尼亞區

提

溝
槽

馬利亞高原

坦
槽
溝

佩
塊
地

克
里
斯

居禮坑

貝克勒坑

奈洛克拉斯
陡坡

歐亞馬坑

提斯溝槽

谷

舍倫諾夫坑

平
原

歐克西亞沼區
尼利丘

拉塞福坑

凡森考夫坑

薩克拉台地

維京1號（美國）
1976/7/20
著陸 ✳

火星拓荒者號（美國）
1997/7/4
著陸 ✳

突夫列坑

345°

拉道坑

貝

阿

15°

西

穩

谷

馬爾夫坑

285°

300°

桑西山脈

315°

330°

馬瑟斯基坑

月亮平原

克里斯混亂地形

薩根坑

克拉莫林坑

艾徹斯山

田

伽利略坑

福瑟夫坑

桑西地塊

奧森
威爾斯

哈維爾谷

那
裘
谷

0°

90°

105°

120°

135°

150°

165°

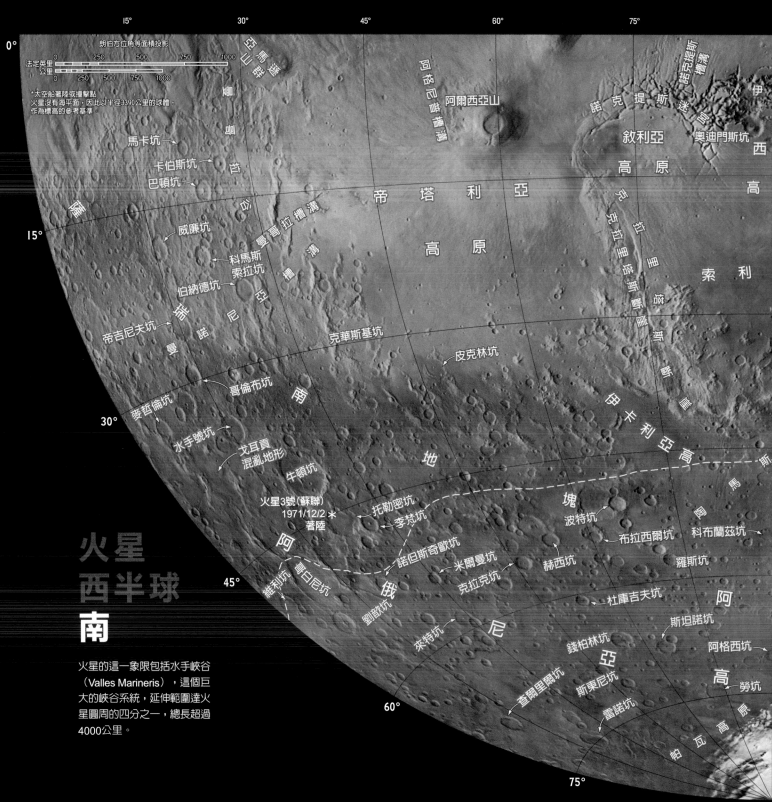

火星
西半球
南

火星的這一象限包括水手峽谷
（Valles Marineris），這個巨
大的峽谷系統，延伸範圍達火
星圓周的四分之一，總長超過
4000公里。

朗伯方位角等面積投影

法定英里 0　250　500　750　1000

公里 0　250　500　750　1000

*太空船著陸或撞擊點
火星沒有海平面，因此以半徑3390公里的球體，
作為標高的參考基準。

0°
15°
30°
45°
60°
75°

15°
30°
45°
60°
75°

馬卡坑
卡伯斯坑
巴頓坑
威廉坑
科馬斯索拉坑
伯納德坑
帝吉尼夫坑
麥哲倫坑
水手號坑
哥倫布坑
戈耳貢混亂地形
牛頓坑
火星3號（蘇聯）
1971/12/2 ＊
著陸
維利坑
曼白尼坑
劉歐坑
萊特坑

阿格巴爾槽溝
阿爾西亞山
諾克提斯槽溝
諾克提斯迷宮
奧迪門斯坑
伊西高原
敘利亞高原
克拉里塔斯斷崖
帝塔利亞高原
曼哥拉槽溝
索利高原
克華斯基坑
皮克林坑
伊卡利亞高原
馬瑞阿
塊
波特坑
布拉西爾坑
科布蘭茲坑
羅斯坑
赫西坑
杜庫吉夫坑
阿高原
斯坦諾坑
阿格西坑
勞克坑
錢柏林坑
斯東尼坑
雷諾坑
帕瓦高原

地
南
阿
俄
尼
亞

托勒密坑
李梵坑
諾伯斯奇歐坑
米爾曼坑
克拉克坑
查爾里爾坑

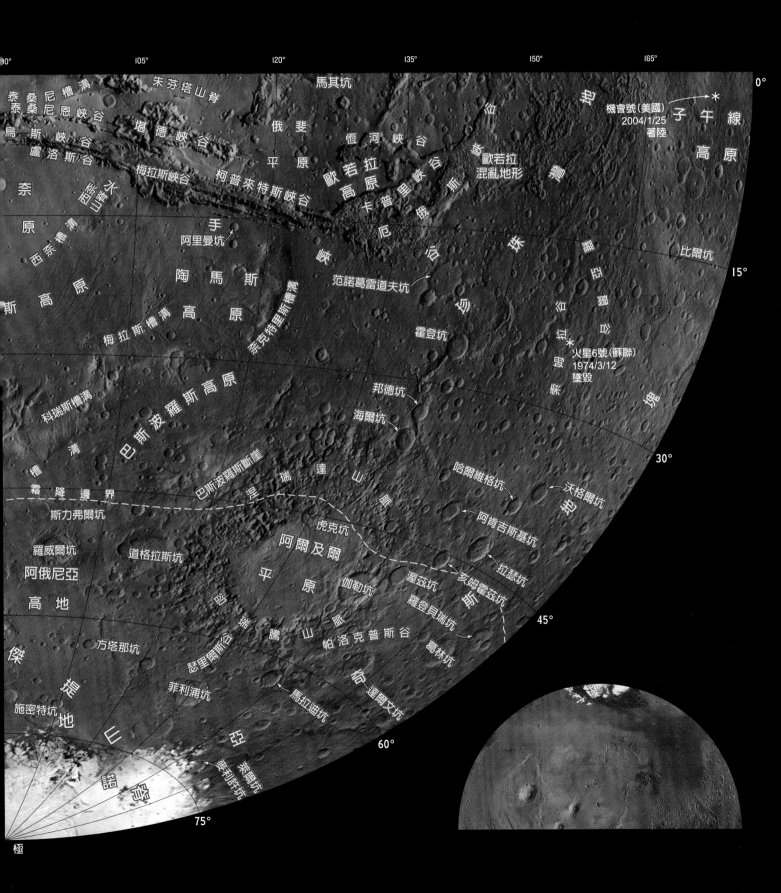

0°

105°　120°　135°　150°　165°

泰桑尼槽溝
桑尼恩峽谷　朱芬塔山脊　　馬其坑　　　　　　　　　　　　　　　　　　0°
烏斯峽谷　堪德峽谷　　　　俄斐　　　　　　　　　　　　　　機會號(美國)　子午線高原
盧洛斯谷　　　　　　　　平原　　恆河峽谷　　　　　　　　　2004/1/25　著陸
　　　梅拉斯峽谷　柯普萊特斯峽谷　歐若拉　　歐若拉混亂地形
奈　水　西奈山脊　　　　　　　高原　卡普里峽谷
原　奈　　　　　　　　　手　　　　　尼　　　珍
　　槽　西奈槽溝　　　阿里曼坑　　　　峽　　珠　　　　　比爾坑　15°
斯　溝　　　　　　陶馬斯　　　范諾葛雷道夫坑　　谷　　爾
高　　　　　　　高　原　　　　　　霍登坑　　姆　　火星6號(蘇聯)
　　梅拉斯槽溝　　茶克特里斯槽溝　　　　　　　　　系　　1974/3/12
　　　　　　　　　　　　　　　邦德坑　　　姆　　　墜毀
　科瑞斯槽溝　巴斯波羅斯高原　　　海爾坑　　　　塊
　　溝　　　　　　　　達　山　　哈爾維格坑　　沃格爾坑
　槽　　　巴斯波羅斯斷崖　涅瑞　脈　　　　阿肯吉斯基坑　30°
霜隆邊界　　　　　　　　　　　　　　　　　拉瑟坑
斯力弗爾坑　　　　　　　虎克坑　　　　　亥姆霍茲坑
羅威爾坑　道格拉斯坑　阿爾及爾　渥茲坑　地
阿俄尼亞　　　　　平　伽勒坑　羅登貝瑞坑　　45°
高地　　　　　　原　騰　　帕洛克普斯谷　敏
　　　　方塔那坑　瑟　山　　　葛林坑
傑　　　　　　菲利浦坑　脈　　　蓬爾文坑
堤　施密特坑　　　　　馬拉迪坑　　佑
地　　　　　　　　　　　　　60°
　諾　　　　　　
極　　75°

推薦序

我從小就很喜歡開拓者的故事，例如老電影《西部開拓史》（How the West Was Won），或是歐洲探險家為了尋找未知的大陸，踏上漫長而危險的航海之旅，這一類的故事深深刺激著我的想像力。

阿波羅 11 號登陸月球時，我 15 歲時。我和全世界幾億名觀眾一樣，大氣都不敢喘一下，目睹尼爾和巴茲成為第一批踏上月球表面的人類。對於人類能夠達成這個幾乎不可能的任務，我深受感動。在那次轉播中，控制中心也轉播了尼克森總統打給太空人的電話。他說：「由於你們的成就，天界也成了人界的一部分。」

就此開啟了全新的疆界。

那之後過了 26 年，我正在製作電影《阿波羅 13》（Apollo 13）。這些現代探險家為了探索人類潛力的極限而冒上生命危險，因此，我很榮幸能講述他們的個人故事。訪問阿波羅 13 號的初代太空人與相關人員，實在是難能可貴的經驗，每次訪談都指向同一個結論：我們已經做了這麼多，更應該繼續下去。巴茲 ‧ 艾德林（Buzz Aldrin）非常堅定地對我說：我們下一個努力實現的夢想，是把人類送上火星。

每個世代總有一些新的疆界，不論是空間還是思想上的疆界，我們都必須去發現、探索與瞭解。這就是好奇心，它驅動著我們前進，是我們之所以為人的一大關鍵。我們會感到好奇，因而提出問題，為了回答這些問題，我們不斷在學習與演進。

人類提出造訪火星的問題，已經有好一段時間了。科幻作家從 100 多年前，就在描寫相關的故事。再過不久，科技就會追上我們的想像。

伊隆 ‧ 馬斯克（Elon Musk）等富有遠見的人都認為，那一刻就是現在。也因此，現在正是訴說這個故事的最佳時機。當《火星時代》系列計畫找上我和布萊恩 ‧ 葛瑟（Brian Grazer）時，我們一想到這個主題多具生命力和創意潛力，就興奮不已。這正是我們過去曾面對過，也一直在尋找的「說故事的挑戰」。要透過人類心靈與心智的鏡頭，才能闡述這些故事，描述人類精神之宏偉遼闊。

在發展這個系列的構想時，我也開始以全新的觀點來看待火星。這個系列不應只著眼於火星任務，許多電影和紀錄片或多或少都呈現過這個面向；而是

要從更雄大、長遠與更如史詩般的視角，來探討人類拓殖火星的實際狀況。同時，我也逐漸認識到：關於人類在火星上生活的可行性，其實已經累積了大量的研究。我就此深陷其中無法自拔。我要述說的，是一個全新的開拓故事。

在組織工作團隊與發想的過程中，我們決定採用一個嶄新的敘事角度：這個人類拓殖火星的故事，將由未來的時間點回顧，那時人類已經去了火星，而這就是我們如何來到這裡的故事。為此，我們結合紀錄片與設計好的腳本，紀錄片部分則是從虛構的未來回顧已發生的歷史。把這兩種類型以新的形式結合，除了能讓觀眾對於前往火星和火星拓殖有更真實的感受，同時也是個令人熱血沸騰的挑戰。

每個偉大的任務都需要一個精良的團隊，這個計畫也不例外。我很感謝所有幫助這個計畫實現的夥伴：布萊恩‧葛瑟和 Imagine Entertainment 的所有人；RadicalMedia 每每都以最一流的方法執行製作；國家地理長久的努力，幫助我們更了解我們居住的世界，以及在那之外的領域。我非常感謝國家地理對於真實性與科學正確性的嚴格要求。在腳本寫作的整個過程中，在工程學與科學方面的嚴謹程度除了令我們自豪，更是這個系列如此獨特的部分原因。

這並不是一部科幻作品，而是確實存在的科學。在影集的紀錄片部分，我們請到許多當前正在探討這主題的頂尖人物，他們一個個都是值得信賴的嚮導。我希望這個系列與這本書，將來會成為一份特殊的歷史紀錄，即使數十年後的人回顧起來，都會想說：「你看，就算沒有全部說對，但他們當時就知道這麼多了。」那正是我的目的：讓 50 年後的人大吃一驚，因為我們已清楚預見，人類和科學要進步到什麼層次，才能前進火星，建造新的文明。

我希望這本書可以激發想像力，讓人見識到這獨特的歷史時刻背後需要多少力量，實現的可能性又有多大，藉此啟發下一個世代的開拓者。

我很榮幸能貢獻一己之力，協助把這份願景帶給全世界。

——朗‧霍華 Ron Howard
Imagine Entertainment 總監及製作人

編註：本書與國家地理頻道全球注目系列的同名節目《火星時代》共同企劃，該節目由 Imagine Entertainment 及 RadicalMedia 共同製作。書中每個章節都與一集節目相呼應，除了大致介紹節目內容，還會深度探討前往、探索和定居火星時，我們在科學、工程學和倫理上將會面臨的挑戰。

抵達火星是第一個挑戰。人類安全進入火星大氣、下降、在表面著陸後，就來到一個從未有人居住過的地方。

飛越太空

縱身一躍：美國航太總署火星
科學實驗室太空船，載著「好
奇號」探測車（Curiosity）接
近火星表面的想像畫面。
前頁（背景）：在歐洲太空總
署（European Space
Agency）羅塞塔號
（Rosetta）太空船2006年的
視角下，火星是一個散放光芒
的光環。

飛越太空

在 2030 年代，火星的紅色大地上畫過了一道不尋常的影子。

在這歷史性的時刻，第一支地球遠征隊抵達了紅色星球，許多力量推動他們的到來，包括火箭的推進力、堅定的意志，以及難能可貴的運氣。接近地表時，太空船的著陸架張開。人類利用動力降落、平安地著陸火星，可說是真金不怕火煉。

無人太空船也曾來到此地。過去數十年來，人類送出的太空船以各種方式與火星接觸：飛掠、繞行、墜落、雷達探測、攝影、監聽、降落傘降落、還有彈跳滾動著陸、挖掘鑽洞、嗅聞、加熱、品嚐和雷射照射。

截至目前為止，火星探索獨缺最重要的一步：人類親自踏上火星。在 21 世紀，這個遙遠之地佈滿沙塵的表面，正要印上第一批人類的足跡。

引擎的怒吼逐漸平息、隨後完全靜止，為長達數千萬公里、為時數百天的旅程畫下了休止符。到目前為止，全體成員在長途太空旅行中，承受了生理、心理，以及人際關係上的壓力。但在前方等著他們的旅程，一方面意義重大，另一方面也危機四伏。這些旅行者代表著地球上參與此創舉的許多國家，而他們的到來，很有可能就此把太陽系的第三和第四行星永遠連繫起來。只不過，踏上火星是一回事，待在火星上則完全是另一個層次的挑戰。

要讓人類離開地球飛到火星，就得把非常龐大的重量扔上太空，只有靠著力量強大的火箭才做得到。送出這些人員和裝備、進行為時數個月的旅程，也涉及許多準備工作：旅途中需要食物、水、運動器材，更不用說防輻射裝備，以及非得送上火星的必要物資。

準備著陸！
畫家筆下的美國航太總署鳳凰號（Phoenix）火星探測器，於2008年，以脈衝火箭引擎著陸於火星北極地區。

第一集
航向新世界

第一個火星載人任務狄德勒斯號（Daedalus）經歷漫長的飛行後，終於接近目的地。全世界都等著看它是否能平安降落。然而，在進入火星大氣時，推進器出了問題。飛行指揮官應變即時，避免了一場災難，不過，他卻在這場波折中受了傷。更麻煩的是，狄德勒斯號著陸的地點偏離預定目標許多。

科學家和工程師已開始著手研究，火星上第一個人類前哨的理想地點。「最好的位置」不僅要考慮安全性，還必須具有科學研究上的優勢，尤其要能探討火星是否真能成為「第二個創世紀」發生的地點、孕育出生命。

為了延長人類待在那裡的時間，火星的可用資源也受到了關注。現在已有許多新式太空船的構想，具有採集火星地下冰的設計。當然也少不了強而有力的軌道通訊衛星，在地球和火星之間傳送訊息與影片。即使以光速傳遞訊息，兩地的距離還是會使一來一往的對話有所延遲。

降落到沙塵大地

第一批抵達火星的成員，將受惠於先行抵達的各式無人太空船；這些太空船有的在軌道運行，有的已降落在火星表面。舉例來說，目前正繞著火星運轉的太空船包括美國航太總署的火星奧德賽號（Mars Odyssey）、火星勘測軌道衛星（Mars Reconnaissance Orbiter），以及火星大氣與揮發物演化任務（Mars Atmosphere and Volatile Evolution Mission，MAVEN），都屬於國際合作的火星探索艦隊。此外，還有歐洲的火星快車號（Mars Express），以及印度的火星軌道任務號（Mars Orbiter Mission，MOM）。

先行抵達的機械設備，也已在火星的沙塵大地上，進行各種任務，包括火箭、降落傘、安全氣囊、甚至還有一種稱為「空中起重機」的複雜機械，成績好壞參半。美國方面成功的例子包括 1976 年的兩部維京號、1997 年的拓荒者號（Pathfinder）登陸器，以及拓荒者號攜帶的旅居者號（Sojourner）探測車、2004 年的探測車雙胞胎精神號（Spirit）與機會號（Opportunity），還有 2008 年的鳳凰號。而在 2012 年 8 月，美國航太總署的「火星科學實驗室任務」成功地讓車子大小的好奇號探測車抵達火星表面，這是截至目前為止最大型的火星登陸太空船，總質量約 900 公斤。

載人太空船加上足以維生的居住艙，載重量又大上許多，必須使用前所未有的降落技術，才能安全著陸。問題是，要把設備和人員安置在火星上的技術，比起靠阿波羅號把人類送上月球困難許多，因為火星的重力較大，還有大氣存在。火星的大氣非常稀薄，卻不容忽視，仍足以使進入大氣的太空船過熱。另一方面，儘管有過熱的威脅，這層大氣卻沒厚到可以只用空氣動力減速的方式著陸，尤其載人任務的質量又十分龐大。

研究指出，最好的策略是先使用空氣動力減速器，直到進入火星的太空船速度抵達超音速，再分離空氣動力系統，啟動降落模組火箭引擎，讓太空船在火星上動力下降，進行最後階段的降落，以及靠局部控制著陸。

但加入了人為因素，又使挑戰更加艱鉅。舉例來說，假設把第一批成員裝載在將近 40 公噸的登陸艇中，以降落傘降下，所需的降落傘大小相當於美國加州的玫瑰盃球場（Rose Bowl，佔地 4 公頃）。要把人員和用具送上火星，目前考慮採用巨型可充氣式空氣動力減速器，及超音速反推進裝置。

初次拜訪的地點

那麼，人類將在何處首次登陸火星？最重要的條件已經確定下來了，美國航太總署也已著手尋找符合條件的地點。2015 年 10 月，「人類登陸火星表面首次著陸地點暨探索區域研習會」（First Landing Site/Exploration Zone Workshop for Human Missions to the Surface of Mars）在美國德州休士頓的月球與行星研究所（Lunar and Planetary Institute）舉行。

在這次集會中，研究者提出了將近 50 個地點。華盛頓特區美國航太總署總部行星科學主任詹姆斯 · 格林（James Green）把這次會議形容為「歷史性的轉戾點」。他告訴與會者：「找出人類登陸、工作與進行研究的確切地點，

「政策圈形成了新的共識，要在 2030 年代把美國太空人送上火星。也有愈來愈多鄰國認為『火星很重要』具有全新的意涵。」

——查爾斯・博爾頓（Charles Bolden），美國航太總署署長

是實現火星任務的開端。」

可能的著陸點必須符合美國航太總署已規劃好的數個方針。首先，這個前哨周遭必須有直徑 100 公里以上的探勘區域；著陸的地點必須位在火星南北緯 50 度之間；還必須支援三到五次登陸，讓四到六人的小組執行長達 500 個火星日的探勘任務。

當然，選擇地點的一大關鍵是要能夠安全著陸。初到的人員必須避開巨石區、陡坡、沙丘、隕石坑和強風。降落在火星沙塵中，有可能讓太空衣、設備和居住艙的氣閘故障。著陸時如果在太空艙裡摔倒，可不只是倒楣而已。

理想的地點要能讓遠征隊執行工作，也就是要能在美國航太總署指定的「重點區域」（Regions of Interest）進行科學研究，還要能取得讓人類在紅色星球上維生的資源。關於最後這一點，美國航太總署定下了這條不可或缺的要求：任何探勘區域都必須含有至少 90 公噸的水，以應付人類在火星上生活 15 年的需要。

在火星上維生

說到未來的火星之旅，美國航太總署的太空人史坦利・洛夫（Stanley Love）擁有不凡的洞見。這位太空旅行者解釋：事實上，太空人才不在乎他們要去火星的哪裡。

「不過，我們確實很在乎安全性和可操作性。」洛夫解釋：「我們會在意這地點是否會讓我們喪命，又是否能讓我們完成任務。」這位太空人特別強調：登陸火星是「風險非常非常高的任務」，就算全體人員都安穩地踏上火星表面，「光是要活著，就得花上許多時間與精力。」

洛夫又補充：有趣的是，人類登陸火星的必要條件，其實和機器人登陸火星是一樣的，只不過人類比機器人多了一項顧慮，他難過地說，那就是「排放物」。太空裝和居住艙都需要排出廢物，人類在火星上「排放」，意味著細菌和病毒會被釋放到火星環境裡。不過相對的，火星上的人既然無法避免把生物群釋放到火星，火星上的東西跑進居住艙也再所難免。

果真如此，人類的火星探勘社群就要面臨一個抉擇。太空人應該要拜訪火星上最可能有生命存在的地點進行研究，還是要把任務的重心放在「保護火星」上，盡可能避免把地球生物散布到火星上可能最適合生命繁衍的地方？

洛夫只能說：「這是我們避不掉的困難抉擇。」

在哪裡著陸

同時，科學家持續從遠處探索火星，以決定人類首次登陸的地點。李奇・朱雷克（Rich Zurek）是美國航太總署噴射推進實驗室（Jet Propulsion Laboratory，位於加州的帕沙第納）火星勘測軌道衛星（Mars Reconnaissance Orbiter）計劃的科學家，他和專家團隊發展出一個特殊的 2020 火星軌道衛星，上面裝載許多儀器，包括特別強大的雷達，來鑑別豐富的地下冰層。有了這些資料，就可以更進一步判斷該在火星何處設置人類前哨站。

研究登陸點的人想到，可以先讓無人太空船抵達選中的地點，讓這些自動化機械預先做好所有準備，可能包括初步設置居住艙，以迎接太空人的到來。就把這想像成自動化汽車旅館：讓機器人張羅好一切，留一盞燈迎接您的到來。

建立前哨站需要材料，體積較大的材料可以透過幾次火星任務分批運送，確保硬體設施的建立，以支援人類的到來。甚至在人類抵達之後，也持續運送物資，每次任務都帶來更多補給，到火星上換班的成員繼續前人的工作，長期下來，需要從地球運送的物資就會逐漸減少。

更加成熟的星球

在火星印下第一個足跡後，要在這遙遠隔離的世界扎根，就需要仰賴火星本身的資源。我們已經知道火星是一片豐饒之地，擁有可開發的資源，足以支持未來的遠征計畫。

只不過，要在這陌生環境中存活並安頓下來，說來容易做來難。這時就要採用所謂的「就地資源利用」（in situ resource utilization，ISRU），意思是透過科技充分利用在地資源，不僅在火星存活，還要能在那裡繁盛起來。人類要在這顆紅色行星上心滿意足地（即使有點簡樸）長期生活下去，會需要什麼呢？

佛羅里達州甘迺迪太空中心（Kennedy Space Center）的資深技師羅伯特・穆勒（Robert Mueller）解釋說：火星的「就地資源利用」工作已經在進行中。首先，我們預期火星上的水和大氣中的二氧化碳，會是人類任務中最寶貴的資源，可藉此產生推進劑，透過火星上升飛行器（Mars Ascent Vehicle，MAV）把人員從火星送回地球。

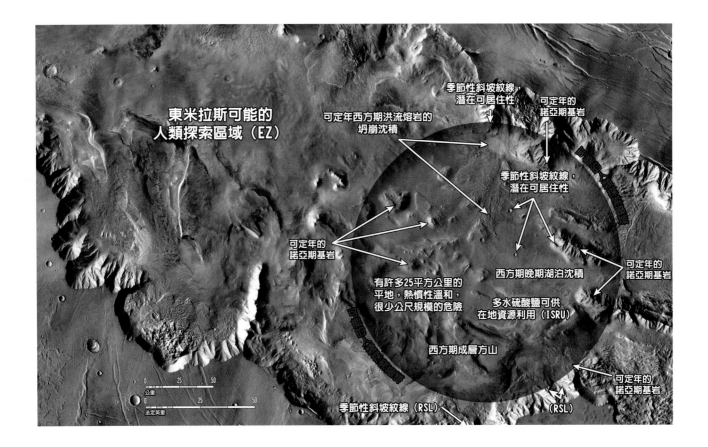

東米拉斯可能的人類探索區域（EZ）

季節性斜坡紋線，潛在可居住性

可定年西方期洪流熔岩的坍崩沈積

可定年的諾亞期基岩

季節性斜坡紋線，潛在可居住性

可定年的諾亞期基岩

有許多25平方公里的平地，熱慣性溫和，很少公尺規模的危險

西方期晚期湖泊沈積

多水硫酸鹽可供在地資源利用（ISRU）

可定年的諾亞期基岩

西方期成層方山

可定年的諾亞期基岩

季節性斜坡紋線（RSL）

（RSL）

0　25　50
公里

0　25　50
法定英里

其次，火星上豐富的資源已經夠成熟，可直接拿來加工。「火星製」的產品可用於維持生命、培養作物、甚至屏蔽輻射。話雖如此，在決定火星棲地時，在很大程度上，要看那個地區有什麼樣的當地資源，可用來支持人類的生活。

穆勒強調，要完全不依賴地球，在太空中獨立生活，最重要的就是取得在地資源。但要落實這個想法，還有許多準備工作。他又問：那麼這些資源指的是什麼？要取得這些資源，在經濟上和實務操作上是否可行？

科羅拉多礦業學院（Colorado School of Mines in Golden，位於科羅拉多州戈爾登）太空資源中心（Center for Space Resources）主任安傑爾‧阿巴德-馬德里（Angel Abbud-Madrid）在「就地資源利用」議題上，也有類似的想法：若要永續經營人類的火星探勘任務，目前普遍認為，多半取決於在地資源。不過，他還加了一條但書。

只知道火星哪裡有資源是不夠的，要取得資源，就要能想出攫取資源的最佳方法。舉例來說，製造推進劑和輻射屏障、冷卻熱系統、生產食物、找

人類登陸火星的其中一個候選探索區。這樣的區域通常都有科學上的重要性與潛在資源，因此較適合讓人類長期停留。

到充足又合適的飲用水等活動，都少不了必要的設備。

阿巴德 - 馬德里更指出，在各種資源中，水是最珍貴的。「人類前哨要持續運作，會需要大量的水，因為要從地球運來這些資源，是不可行的。」

到處都是水

說到在火星上尋找水資源，好消息來了。近年來，科學家已經找到幾種水的蘊藏形式，其中兩種似乎有可能供應充足的水源：地下冰／永久凍土，以及與岩石或細土結合、以水合礦物（如黏土和石膏）的形式存在的水。

還有另一種可能的水資源，那就是最近在火星上發現的季節性水流，稱為季節性斜坡紋線（recurring slope lineae），簡稱 RSL。這些 RSL 或許是一種跡象，代表火星上可能有間歇性流動的液態水存在，雖然水中很可能含有鹽份。RSL 是否能提供人類所需用的水，還有待確認。

目前已知火星上有些地點似乎已有水的原料存在，像是 RSL 的季節性水流、薄冰、冰河，或水合礦物／吸附水。但是要耗費多少能量來製水，還需要近一步研究。

阿巴德 - 馬德里表示，確定火星上潛在水資源的形式、位置、深度、分布與純度，還只是基本功。此外，工程師必須發展出最巧妙的技術，在紅色星球上開採、挑選、萃取及純化這些水，並計算出這些過程一共要耗費多少能量。

長期定居火星

第一步是抵達火星，下一步是在火星上定居。人類要在火星上擁有「生存力」，使用在地資源就是一大關鍵。如果每次前往火星，都得砸下龐大經費，把所需物資從地球運過去，將難以長期探索這顆紅色星球。

策劃人類第一趟火星之旅，會讓人想起在阿波羅計畫全盛時期，全人類都想把太空人送上月球。不過，火星任務也有不太一樣的地方，任職於羅德島州普羅維登斯布朗大學（Brown University）的吉姆・海德（Jim Head）表示。海德對於人類告別地球，前往新疆界的場景並不陌生，他過去曾為阿波

災難

偏離航道｜脫離地球軌道而燃燒的人造衛星、磁暴、日冕質量拋射、迷途的小行星：任何意外事件都可能使前往火星的太空船偏離預定航道，若偏離太遠，將很難重新定向。

可能會出什麼差錯？

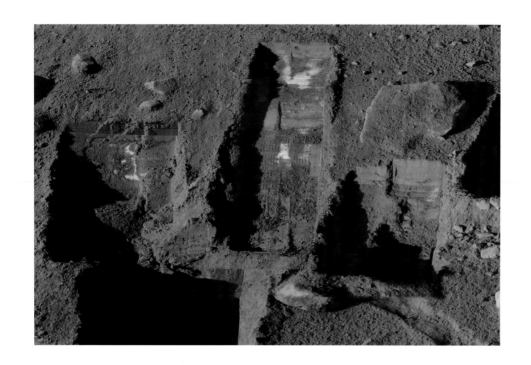

美國航太總署的鳳凰號火星探測器使用機械手臂挖出一道叫「白雪公主」（Snow White）的溝渠後，於2008年10月，拍下這張加強過陰影的假色影像，顯示溝渠內的晨霜和地下冰。

羅計畫評估潛在登陸點，並訓練太空人進行登月任務。

海德回憶，當時在美蘇太空競賽的影響下，阿波羅計畫進展得又快又迫切。「但準備火星之旅的時間很充裕。」他說。這樣的好處是，科學與工程學可以長期合作，這也是當初阿波羅登月計畫得以實現、並得到豐富收穫的因素。

「我們必須在火星上生存。」海德做出總結：「我們需要利用在地資源維持生計，才能徹底切斷地球的補給……反正這條補給線遲早都得切斷。」

人類前進火星的最初幾年，會先建立半永久性的基地。隨著實地考察、更加了解水和其他資源的蘊藏量後，我們預期紅色星球上的先鋒不需要仰賴地球，也能長期維生。為了得到這樣的結果，專家已經開始在地球和外太空，評估以火星為家，在生理與心理上可能會產生的壓力。

第一批前往火星的人自然會有他們的悲傷與憂慮。人心本來就很複雜，在那嚴酷的世界定居以前，要先處理哪些生物醫學和社會性的問題與阻礙？

試飛

三角洲4號運載火箭（Delta IV Heavy rocket）於2014年12月5日，離開佛羅里達的卡納維拉角（Cape Canaveral），帶著無人的獵戶座太空船（Orion）進行「第一次探索飛行測試」（Exploration Flight Test-1）。太空船環繞地球兩圈，時速高達3萬2000公里，並穿越強烈輻射帶。重返地球大氣後，以降落傘降落海上，等待收復。

火星，我們來了

擎天神五號運載火箭（Atlas V）從佛羅里達州卡納維拉角升空。2011年11月的這場發射，把火星科學實驗室任務中，休旅車大小的好奇號探測車送往紅色行星。2012年8月，在全世界的注目下，好奇號成功降落在火星上。

熟能生巧

美國航太總署的太空人史考特・凱利（Scott Kelly）在俄羅斯加加林太空人培訓中心（Gagarin Cosmonaut Training Center）的聯合號模擬訓練艙裡受訓。俄羅斯太空人邁克爾・柯恩尼科（Mikhail Kornienko）和凱利一起在國際太空站進行為期近一年的任務，兩人都在2016年3月返回地球。

英雄榜｜嘉寧・奎瓦斯（Janine Cuevas）

洛克達因噴氣飛機公司（Aerojet Rocketdyne）及美國航太總署史坦尼斯太空中心（John C. Stennis Space Center）材料需求主規劃師

　　奎瓦斯說，要把貨物和人員安全地放上火星，在技術上是很大的挑戰。她在美國航太總署參與太空船發射工作近 30 年，對此自然十分了解。

　　奎瓦斯目前在美國航太總署的工作，是建造「太空發射系統」（Space Launch System，簡稱 SLS），把太空人和居住艙送上火星。這龐大的運載系統，目的是運載獵戶座太空船加上至多 4 名太空人，到太空中多個目的地，其中最重要的就是火星。繼 60 年代晚期到 70 年代初，把太空人送上月球的農神五號運載火箭（Saturn V）之後，SLS 會是人類第一個建造的探索級發射載具。

　　「我們目前有 16 具可飛行的液體推進火箭發動機，這些發動機都來自太空梭計劃。」她說：「要升級這些發動機、用於 SLS 的核心，會是很重大的成就。」現在在奎瓦斯的監督下，早期的太空梭發動機經過重新配置，即將用於 SLS 計畫。「我得確保正確的硬體配置及時完成。」SLS 的初期任務，將使用重新改造的洛克達因 RS-25 發動機，達到現役火箭的兩倍載重量，可讓 70 公噸的貨物升空。

　　在太空梭時代，奎瓦斯是太空梭主發動機的主機械技術員。她說，太空人的生命完全仰賴這些飛行設備，所以發動機的裝配與測試過程至關重要。「身為一名技術員，我從來都不曉得把硬體運送到裝配場，這個過程包含了多少細節。」她指出：「我只曉得，我們必需及時送達裝配場，以正式開始裝配程序。」

　　預備 RS-25 發動機以供 SLS 的程序，已進入倒數計時。2015 年 1 月進行過第一次點火實驗，也就是讓發動機發動而不升空。其他測試也隨後在史坦尼斯太空中心進行，以累積數據。根據預定計畫，SLS 將於 2018 年進行第一次探測任務試飛；不載人的獵戶座太空船將裝在巨大的 SLS 上，從佛羅里達州的甘迺迪太空中心衝上天際。未來幾年，隨著 SLS 的演進，載重量將提高到 130 公噸。

　　奎瓦斯說，今天不管你在 SLS 計劃中扮演什麼樣的角色，「都要想說你的職責困難度極高……因為這項任務不容許任何犯錯的空間。」

RS-25發動機發出怒吼聲，逐漸甦醒。這臺火箭發動機過去曾把太空梭送上太空，如今正在接受改良，將來要用於美國航太總署的「太空發射系統」，把貨物和人類送上火星。

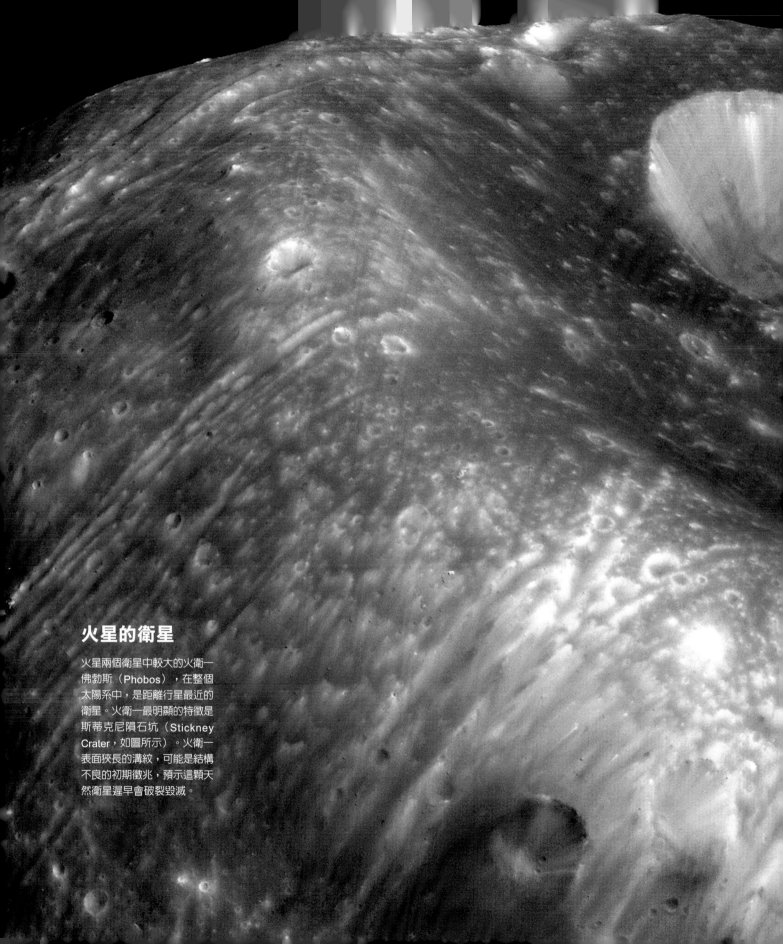

火星的衛星

火星兩個衛星中較大的火衛一
佛勃斯（Phobos），在整個
太陽系中，是距離行星最近的
衛星。火衛一最明顯的特徵是
斯蒂克尼隕石坑（Stickney
Crater，如圖所示）。火衛一
表面狹長的溝紋，可能是結構
不良的初期徵兆，預示這顆天
然衛星遲早會破裂毀滅。

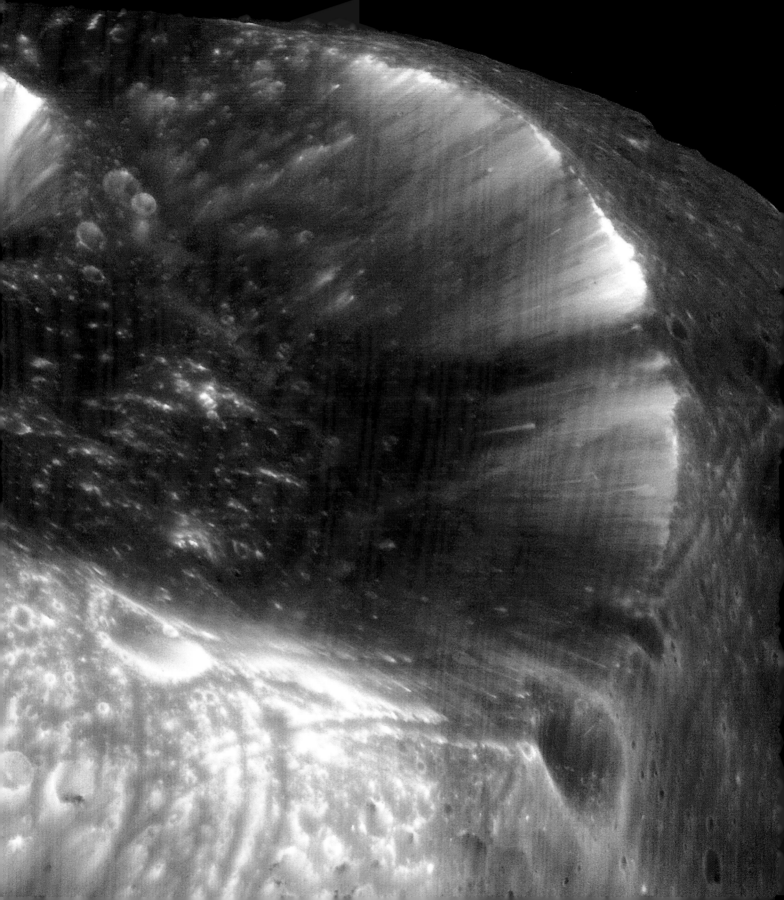

減速降落

為了把遠征的太空人和沉重的居住艙安置在火星表面，科學家正在進行測試。極音速充氣式技術（Hypersonic inflatable technology，右圖）使用有彈性的材料保護太空載具，避免進入大氣時產生極度高溫。另一種還在研究中的登陸技術，是低密度超音速減速器（low-density supersonic decelerator，下圖），基本上就是一個超音速降落傘。

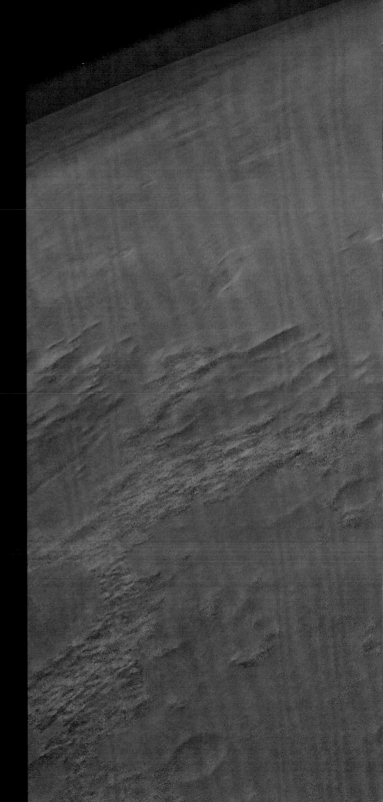

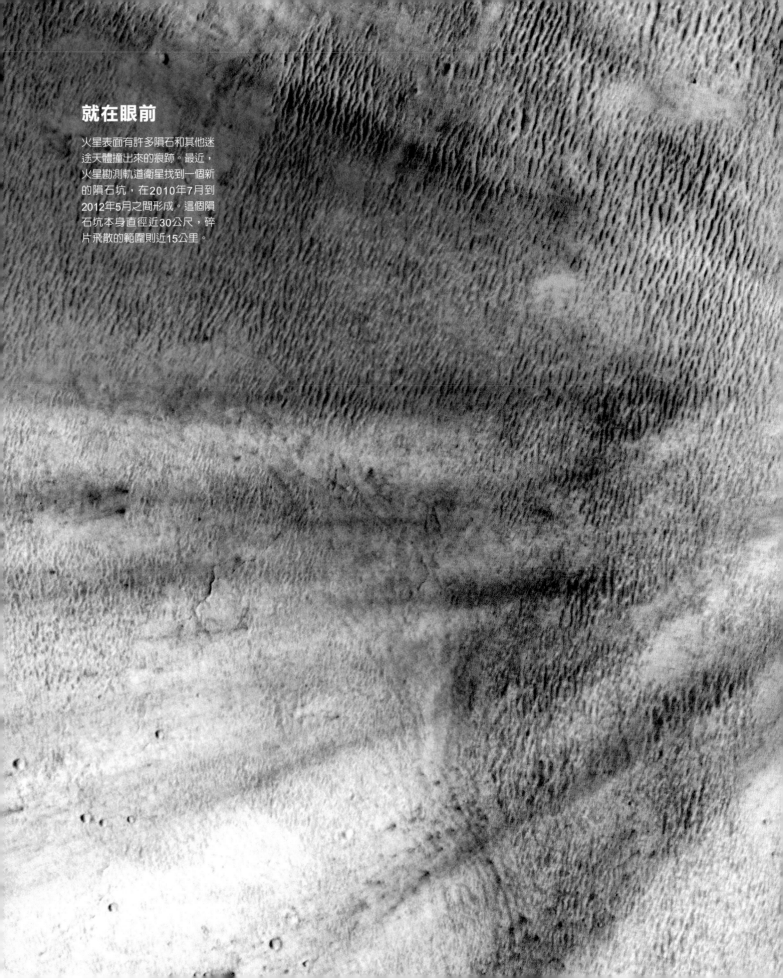

就在眼前

火星表面有許多隕石和其他迷途天體撞出來的痕跡。最近，火星勘測軌道衛星找到一個新的隕石坑，在2010年7月到2012年5月之間形成。這個隕石坑本身直徑近30公尺，碎片飛散的範圍則近15公里。

滾動著陸

美國航太總署的精神號探測車在2004年1月抵達紅色星球後，卸去圖中顯示的著陸裝備，其中還有一個蟲繭般的氣囊。之後精神號持續運作，探索葛瑟夫隕石坑（Gusev Crater）的一區，遠超過預定的90天，但後來陷入沙中，在2010年3月停止傳送訊號回地球。

掀起沙塵

為了把近1公噸重的好奇號在2012年送到火星表面，工程師設計了一種稱為「空中起重機」（Sky crane）的新設備。進入火星大氣、張開降落傘後，進入以火箭推動的下降階段，讓好奇號幾乎懸浮在半空中（左圖），再用繫繩（下圖）把好奇號放置在紅色星球表面。

對著鏡頭笑一個！

美國航太總署的好奇號火星探測車
為自己拍了幾十張照片，再組合為
這張歷史性的自拍照，張貼在任務
的臉書頁面，並附上留言：「哈
囉！大家好！」這部核動力探測車
從2012年8月起，就忙著在火星上
進行偵查。

火星著陸大師

英雄榜｜羅伯‧曼寧（Rob Manning）

美國航太總署噴射推進實驗室（Jet Propulsion Laboratory）火星計劃辦公室，火星工程主管

美國航太總署好奇號火星探測車的另一張自拍照，它的左輪是利用MAHLI，也就是「火星手部透鏡成像儀」（Mars Hand Lens Imager）所拍攝，MAHLI專門設計來從事細部工作。探測車的車輪會把「JPL」（噴射推進實驗室的縮寫）的摩斯密碼，印在火星布滿塵土的表面。

　　構想出如何把好奇號探測車，降落在火星表面的幾位工程師，只要一回憶起好奇號 2012 年 8 月安全著陸前的那個時刻，仍然會有些許興奮。

　　羅伯‧曼寧說：「這和灌籃差了十萬八千里。」他在位於加州的噴射推進實驗室，擔任火星任務中「進入大氣、下降和著陸」的專家。過去 20 年間，他的工程學知識幾乎在美國的每個火星任務中，都派上了用場。他強調：把居住艙或飛航器等巨大酬載運送到火星，並非易事，而好奇號登陸火星時，使用的超音速降落傘，並不屬於這項更龐大的工程；所需的降落傘會因為太過龐大，難以有效而可靠地展開。所以目前正在研發使用「極音速充氣式空氣動力減速裝置」，來踩緊急煞車，再由超音速反推進裝置接手，進行最後的軟著陸。

　　為了實現人類登陸火星的計畫，曼寧採取「要事優先」的原則。他視這個先鋒任務為「插旗子蓋腳印」的任務。第一批飛去火星的人都知道，他們下了很大的賭注。「要爬山，總要先踏出第一步。」曼寧說：「你不能從山頂開始，而必須從山腳開始往上爬。」第一次飛行奠定好基礎，後人才能接續展開遠征。

　　萬一人類首次登陸出了差錯呢？「失敗會暫緩我們進步的速度，卻也是我們往前邁進的關鍵。」他回答。「如果經費不是問題，我認為第一次火星著陸會是無人任務，但使用和首次載人任務完全一樣的系統。萬一失敗了，我們比較可能避免政治反彈。你還是必須後退一步，重新想過所有事情，但至少我們會知道出了什麼問題，要面對的政治問題也不至於那麼嚇人。」

　　對於想要前往火星的人，他有沒有關於必要條件的建言呢？曼寧認為要有強烈的好奇心、學習與嘗試的意願，還有無畏的勇氣。「我們只能做更多而不能做更少，訣竅是保持單純、善用現有的技術，並控制好成本。」關鍵在於保留餘裕。「我們必須設想各種可能的情境，才可能在長期，得到最好的成果。就像玩撲克牌一樣，如果要持續獲勝，就要在袖子裡預先藏好王牌。」

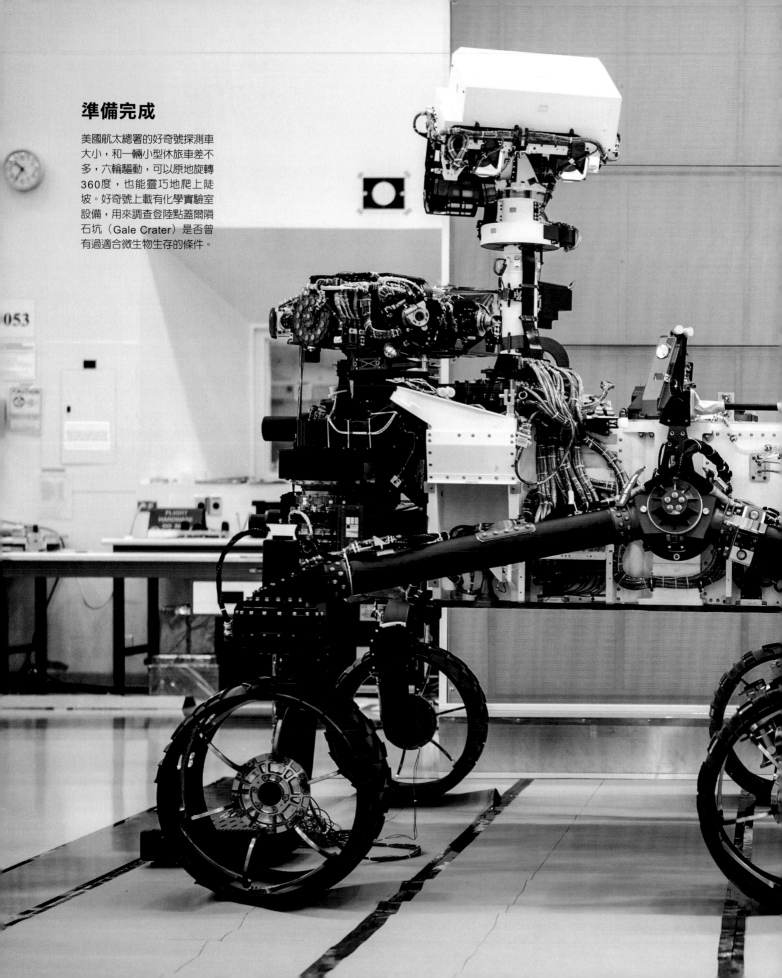

準備完成

美國航太總署的好奇號探測車大小，和一輛小型休旅車差不多，六輪驅動，可以原地旋轉360度，也能靈巧地爬上陡坡。好奇號上載有化學實驗室設備，用來調查登陸點蓋爾隕石坑（Gale Crater）是否曾有過適合微生物生存的條件。

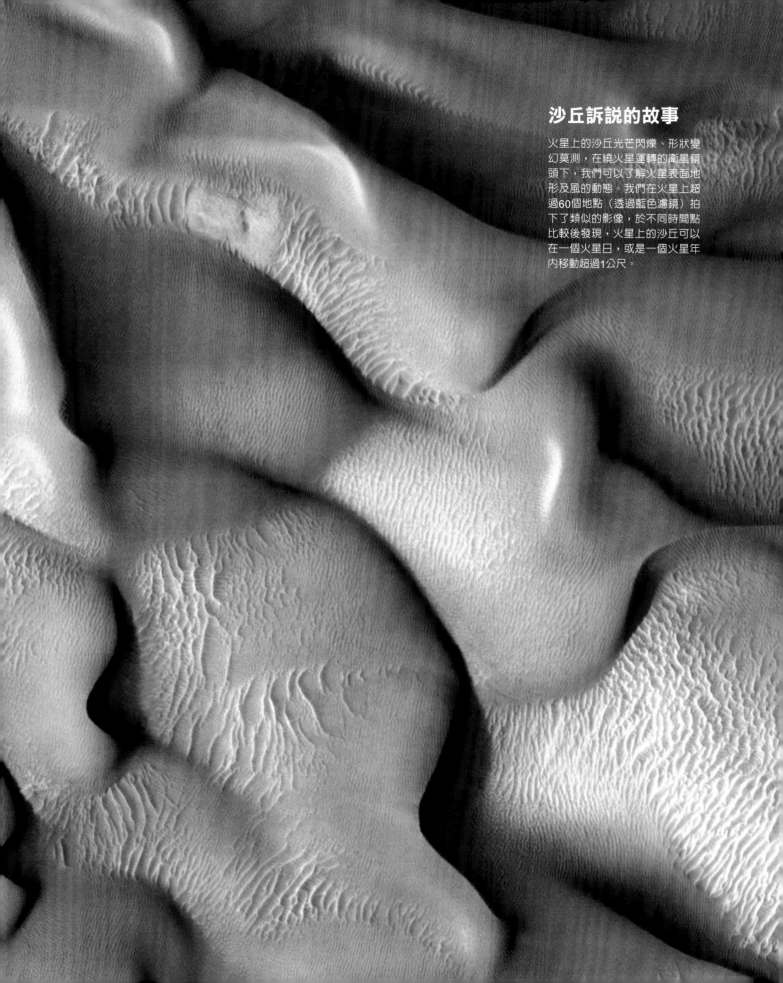

沙丘訴説的故事

火星上的沙丘光芒閃爍、形狀變幻莫測,在繞火星運轉的衛星鏡頭下,我們可以了解火星表面地形及風的動態。我們在火星上超過60個地點(透過藍色濾鏡)拍下了類似的影像,於不同時間點比較後發現,火星上的沙丘可以在一個火星日,或是一個火星年內移動超過1公尺。

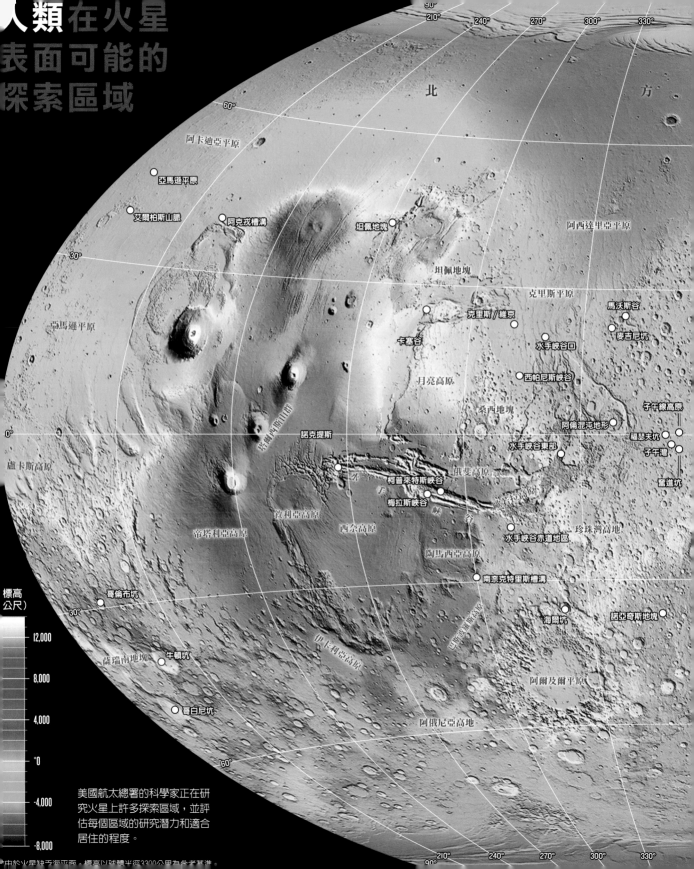

人類在火星
表面可能的
探索區域

北　　方

90°
210°　240°　270°　300°　330°

60°

阿卡迪亞平原

亞馬遜平原

艾爾柏斯山脈　　阿克戎槽溝

坦佩地塊

阿西達里亞平原

30°

坦佩地塊

克里斯平原

馬沃斯谷

麥吉尼坑

克里斯/維京

亞馬遜平原

水手峽谷口

卡塞谷

月亮高原

西帕尼斯峽谷

子午線高原

桑西地塊

阿倫混沌地形

福瑟夫坑

0°

塔爾西斯山群　　諾克提斯

水手峽谷東部

子午灣

俄斐高原

奮進坑

柯普來特斯峽谷

水

梅拉斯峽谷

峽

谷

敘利亞高原

西奈高原

水手峽谷赤道地區

珍珠灣高地

帝塔利亞高原

陶馬西亞高原

南奈克特里斯槽溝

標高
（公尺）

哥倫布坑

海爾坑

諾亞奇斯地塊

30°

薩瑞南地塊　　牛頓坑

12,000

伊卡利亞高原

阿爾及爾平原

8,000

哥白尼坑

阿俄尼亞高地

4,000

0

-4,000

美國航太總署的科學家正在研
究火星上許多探索區域，並評
估每個區域的研究潛力和適合
居住的程度。

60°

-8,000

210°　240°　270°　300°　330°

90°

*中於火星缺乏海平面，標高以球體半徑3390公里為參考基準。

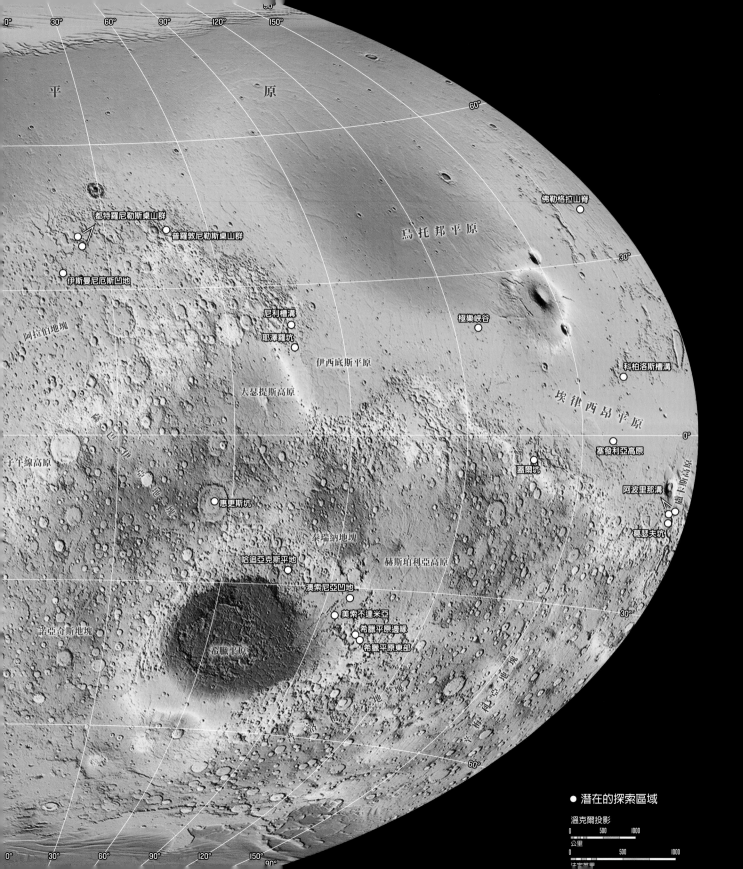

都特羅尼勒斯桌山群
普羅敦尼勒斯桌山群
伊斯曼尼尼厄斯凹地

平　　　　原

原

烏托邦平原

佛勒格拉山脊

阿拉伯地塊

尼利槽溝
耶澤羅坑

伊西底斯平原

極樂峽谷

科柏洛斯槽溝

大瑟提斯高原

埃律西昂平原

宇牢線高原

塞發利亞高原

盧卡斯高原

蓋爾坑

惠更斯坑

阿波里那溝

泰瑞納地塊

葛蕊夫坑

哈追亞克斯平地

赫斯珀利亞高原

澳索尼亞凹地

美索不達米亞
希臘平原邊緣
希臘平原東部

諾亞奇斯地塊

希臘平原

● 潛在的探索區域

溫克爾投影

0　　　　500　　　　1000

公里

0　　　　500　　　　1000

法定英里

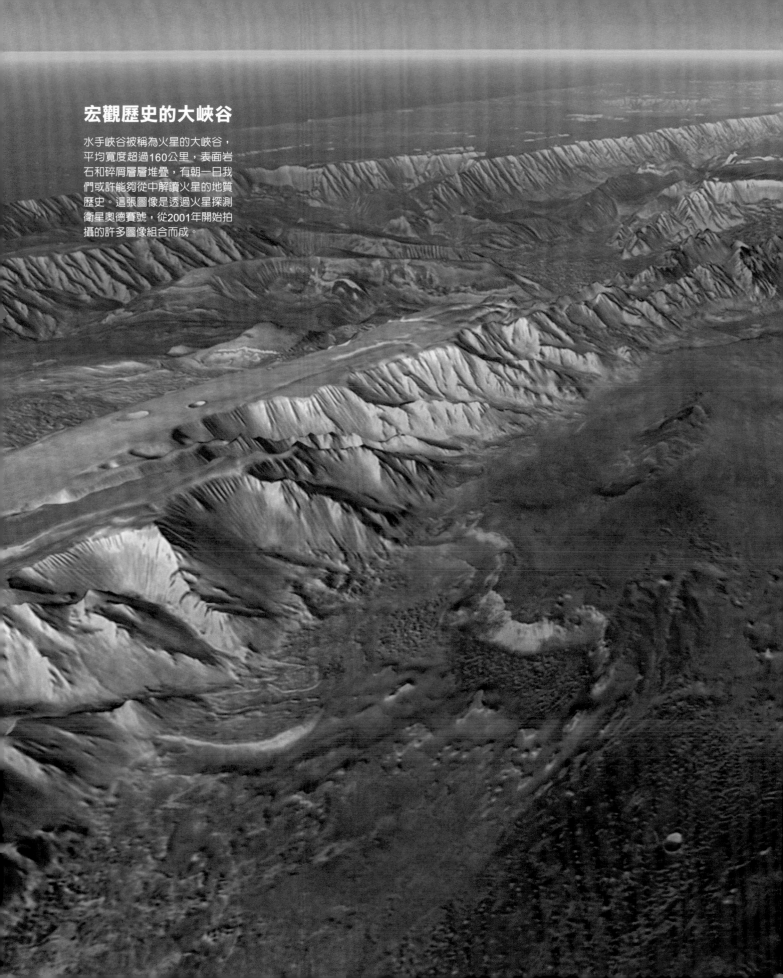

宏觀歷史的大峽谷

水手峽谷被稱為火星的大峽谷，平均寬度超過160公里，表面岩石和碎屑層層堆疊，有朝一日我們或許能夠從中解讀火星的地質歷史。這張圖像是透過火星探測衛星奧德賽號，從2001年開始拍攝的許多圖像組合而成。

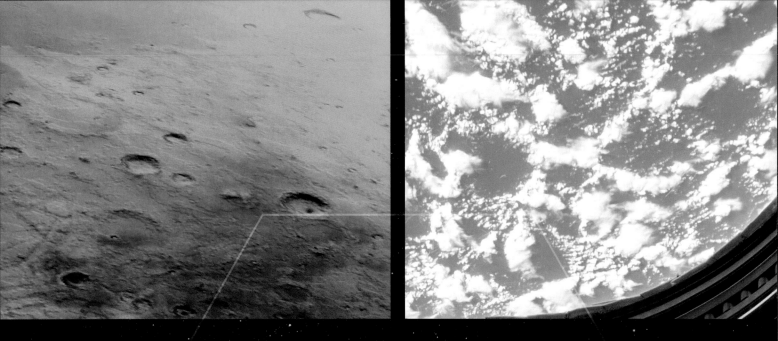

撇開生理上的挑戰不
談，人類要在新行星
上建立家園，心智和
情緒上都必然承受極
大的壓力。

美國航太總署太空人凱倫・尼伯格（Karen Nyberg）透過國際太空站的圓頂窗凝視故鄉地球。她在2013年的國際太空站36/37號遠征任務中，擔任飛行工程師。

火星人心

人類前往火星的旅程既耗費時日又危險難測。孤單程度就像要橫跨星球的長跑選手。先不提待在火星上的心理壓力,光是要抵達紅色行星,必須面對和承受的情緒與心智壓力,就夠艱難的了。

應該派誰前往火星?他們是否能適應這趟飛行?什麼樣的人格特質,才是讓這趟旅程成功的必備要素?對於人類如何生活在極端環境中,目前已有初步的指標可參考。

事實上,已經有人在進行火星長程旅行的訓練。像是國際太空站已成為一座心理評估中心,用來觀察長期待在太空會如何影響太空旅行者。還有一個史實可作為根據:在 1970 年代,一批美國太空實驗室的成員,因為任務控制中心給他們太多工作而展開「罷工」。在這為期 84 天的最後一次太空實驗室任務中,實驗室成員抱怨他們的行程表過滿、工作過勞、又常遭受催逼,於是明確地向地面控制中心提出申訴,並展開為期一天的罷工。

較近一次的學習例子,則來自兩名國際太空站駐站成員的記錄。美國太空人史考特・凱利和俄羅斯太空人邁克爾・柯恩尼科創下長期任務的新記錄,在地球軌道上待了將近一年。他們如何處理並排遣與世隔絕的孤獨感,為未來的火星任務提供了參考。

在美國航太總署,同卵雙胞胎太空人史考特和馬克・凱利(Mark Kelly)參與一項研究,很直白地就稱為「雙胞胎研究」(The Twins Study)。這個地外研究的目的,是以待在地球上的馬克做對比,觀察太空旅行對史考特產生的影響,和他身上可能會有的改變。讓兩個擁有同樣遺傳條件的個體,在不同的環境中生活一年的嶄新研究,成為多面向的國家級研究計畫,由不同大學、公司與政府實驗室的眾多專家合作進行。

在環境控制室中成長的百日草。這裡是美國航太總署位於佛羅里達的甘迺迪太空中心,收成同時,史考特・凱利也採下他在國際太空站種的百日草,提供如何在火星任務中種植糧食作物的資訊。

驚險著陸

任務才剛開始,就出現了危機。狄德勒斯號的一名成員受了重傷,為了救他,其他成員必須盡快趕到數十公里遠的營地,因為之前的無人任務已把生存所需的資源停放在那。透過地球上的飛控指引,副領隊必須挑起領導的重任,帶領成員推著物資、把自己逼到極限,盡力橫越致命的火星環境。

這項研究觸及各種生命科學議題,例如:人類的免疫系統在太空中會有什麼樣的變化?太空輻射是否會使太空旅行者提早老化?微重力如何影響人的消化系統?為什麼太空人常說他們視力改變了?還有過去有些在地球軌道上的太空人認為自己有注意力缺失、心智運作變慢的「太空霧翳」(space fog)現象,又是怎麼一回事?

前往火星的人得承擔多少太空輻射的風險,也是很重要的問題。離開地球的外星人都會擔心罹患致命癌症,至少在高度較低的地球軌道上,例如國際太空站,太空人受到地球磁場的和地球本身的部分保護;但前進火星又是另一回事,太空人會完全裸露在自然環境中。某項研究指出,輻射對中央神經系統影響之大,甚至可能加速阿茲海默症。

想像去一趟火星回來後,卻不記得這場偉大的冒險,就足以令人卻步。把人送上火星前,還有一長串的健康問題要經過充分的研究。

封閉環境的試煉

雖然國際太空站看似 21 世紀深太空之旅的起點,但地球上也有一些與火星相似的地點,在真正定居於火星嚴酷的環境以前,可提供有用的參考。從

北極到南極，甚至是潛水艇等偏遠地點都可模擬火星之旅，以盡快實現這趟旅程。還有隔離居所的研究，尤其是在俄羅斯進行的隔離研究，實際模擬這趟火星之旅。

其中最為新穎的心理隔離實驗，或許就屬「Mars500」了。這項歐洲太空總署和俄羅斯生物醫學研究所（Russian Institute for Biomedical Problems）的合作計畫，在 2007 到 2011 年分階段進行，隔離設施位於莫斯科俄羅斯研究所一棟特殊建築內。Mars50 創下紀錄，模擬火星任務長達 520 日，參與隔離的成員都是男性，包括三名俄羅斯人、一名法國人、一名義大利人，以及一名中國人。整個設備除了隔離設施本身，還有操作室、技術設備及辦公室。隔離設施包括四個密封又相聯的居住艙，總容積約 560 立方公尺。這個極富創意的計畫，模擬了從地球前往火星的太空船，以及升空和著陸過程。另外還有模擬火星環境的額外空間，讓成員模擬火星漫步。

Mars500 的結果指出，成員相處融洽和諧，只是由於被隔絕起來，他們的確會很想念親友，也會想接觸新面孔和新的觀點。從工程學的角度來看，德國航空太空中心（German Aerospace Center，德文名為 Deutsches Zentrum für Luft- und Raumfahrt）調查後提出，由於模擬太空艙的內層與維生系統的表面，是由生物膜（微生物黏附成層，一種薄而堅韌的材料）構成，也可能使長程太空旅行者遭到感染，甚至導致儀器故障。

未來的立足點

在軌道上運行的國際太空站，被認為是迄今難度最高的科學技術成就，有些人把它稱作「無重力樂園」。這個結構從 1998 年開始在軌道上組裝以來，已有 16 個國家協助實現與利用國際太空站。如今它擁有比六房之屋還要宜居的空間，一共 14 個加壓艙，內部空間大約與一架波音 747 噴射機相同，整體大概相當於一座美式橄欖球場的大小。

國際太空站上有三個實驗室：美國的命運號（Destiny）實驗艙、歐洲的哥倫布號（Columbus）實驗艙，及日本的希望號（Kibo）實驗艙。還有三個節點艙，分別叫團結（Unity）、和諧（Harmony）和寧靜（Tranquility）。俄羅斯建造的部分則有碼頭號（Pirs）和黎明號（Rassvet）對接艙、曙光號機能貨艙（Zarya FCB），以及星辰號（Zvezda）服務艙。

這些太空艙內裝滿各種配備，讓太空站成員在站內進行各樣的研究：人

「生命演化有哪幾個關鍵的階段？很明顯就是從單細胞生物的出現、動植物的分化、從海洋遷徙到陸地到哺乳類、產生自我意識⋯⋯接下來，應該就是橫跨不同行星。」

——伊隆・馬斯克，SpaceX 創立者及執行長

類在微重力下的健康、生物過程、生物科技、地球觀察、太空科學，以及物理學研究。經過多年的建造，從目前的成果看來，國際太空站可說是邁向未來的立足點；一批批的太空人在那裡測試技術、系統與材料，為長程任務提供重要的知識與經驗。

殘酷的事實

南極的研究站是研究人類如何適應遙遠孤絕之地的理想場所。在那裡進行的研究，能幫助我們更了解太空旅行與住在火星居住艙的影響，畢竟這些太空人得長時間待在太空，與我們的世界隔絕，缺乏陽光，又必須在人數不多的小團體中生活。

一個實例是英國的哈雷研究站（Halley Research Station）與歐洲太空總署主持的一項研究，評估人類從事太空旅行的適應性。一年之中依不同時節，哈雷研究站會有 13 到 52 位科學家及工作人員進駐。但殘酷的事實是，研究站在冬季，溫度最低可能降到攝氏負 50 度，而且黑夜會持續超過四個月。

一個在哈雷研究站進行數個月的計劃，要求研究站成員做影像日誌，再使用包括聲調和用字等參數，以電腦演算法加以分析。研究者期望這個演算技術可以提供新的方式，讓我們客觀地觀察一個人的心理狀態，以及這個人在長時間太空飛行的壓力下，適應得如何。

南極的協和研究站由義大利與法國共同營運，歐洲太空總署的參與者利用這裡與火星的相似之處，來進行地外居所的模擬。沒錯，這個冰封之島「協和」的綽號就叫「白色火星」。協和研究站遠離文明，地球沒有其他像這樣的地方。光是要前往協和研究站，可能就要花上 12 天，以飛機、船和冰上篷車抵達。歐洲太空總署的研究者還特別提到，距離最近的人類，是遠在 600 公里外的俄羅斯東方研究站（Vostok Station）。因此協和研究站到其他人煙的距離，甚至比國際太空站到地球的距離還要遠。

協和研究站的成員來自各種文化背景，研究隔絕環境對他們的影響，提供歐洲太空總署許多對火星任務有用的資料。這個研究站被當作一間實驗室，進行醫療監控和維生技術的測試。除了考量材料的重量、強度及耐力等特性，太空人需要處在沒有有害細菌、黴菌等威脅的環境。歐洲太空總署正在研究什麼樣的材料最適合建造太空船，並在協和研究站測試多種抗菌材料。

彷如火星

德文島（Devon Island）是世界上最大的無人島，這個加拿大北極地區的極地沙漠，正好適合模擬火星的環境，展開美國航太總署的「霍頓火星計劃」（Haughton Mars Project）。

「如果要形容德文島，它既冷又乾，荒蕪而布滿岩石，大小峽谷和溝壑貫穿，有地下冰，還有隕石撞擊出的痕跡。同樣的描述也可以套用在火星上。」計劃的任務主持人帕斯卡 • 李（Pascal Lee）說：「地球上沒有和火星完全一樣的環境，不過，像德文島這樣的地方與火星有一定的相似性，可以幫助我們更接近火星一步。」

李說，在地球上「模擬火星」有幾個目的。「它能幫助我們學習、測試、訓練，還有教育。德文島已經讓我們對火星有更深的認識，學會怎麼探勘火星，並測試新的探勘技術與策略，更能教育學子和大眾。」

火星學會（Mars Society）也在從事其他模擬活動。這個設立於美國科羅拉多州的私人機構，發起了「模擬火星研究站計劃」（Mars Analog Research Station project），用上兩個火星模擬居住艙，一個設於加拿大極地的德文島，另一個設於美國西南部。火星學會經常在這些類似火星的環境，進行深入的長期田野探勘，並模擬火星探勘者會面臨的生活方式與限制。

火星學會的總裁羅勃 • 祖賓（Robert Zubrin）說，他們在沙漠和極地的火星模擬任務，帶來了許多發現。祖賓同時也是 1996 年科普著作《移民火星：紅色星球征服計畫》（The Case for Mars: The Plan to Settle the Red Planet and Why We Must）的共同作者。2011 年又推出更新版的這本書，勾勒出「火星直擊」（Mars Direct）的科技藍圖，說明人類可以如何利用火星資源在那裡生活，以減少前往火星的成本與困難度。

過去數年來，對於如何使火星更適合人類探勘，祖賓和研究者已透過模擬火星研究站，得到許多進展。他強調：「我們了解到，任務必須由在場者主導……所以地球上的團隊必須明白：自己的角色是支援任務，而不是負責主導。」

祖賓指出，地球上的火星模擬計畫讓我們明白，必須以整個團隊為基準，來選出每一個成員。已經有許多案例顯示，某人在一個團隊中是中堅成員，在另一個團隊中卻與其他人合不來，而可能成為問題人物。祖賓建議：「所以要決定火星任務的成員時，應該由心理學家先盡他們所能，提議三組人

選。」之後把每一組都送到北極或沙漠的火星模擬研究站，在與火星任務相同的條件下，進行至少六個月的野外探勘計劃。

「看哪一組成員表現最好，就派他們前往火星。」祖賓說。

火星學會還有其他的發現，例如在火星上移動時，小巧的交通工具，例如全地形載具，會比大型加壓艙式車輛要實用許多。他們發現的問題是，當大型交通工具卡住時，就動不了了。祖賓說：「在考慮火星上要使用的設備時，只要人抬不起來，就別帶了。」高複雜度又易損壞的精密儀器，雖然通常功能都比較好，但簡單耐用的儀器還是實際多了。祖賓說，我們學到說：探勘人員需要的是耐操的騾子，而不是賽馬。

「我們發現電子導航功能非常重要。穿著太空裝很容易在沙漠裡迷失方向。我們在火星上不需要 GPS……但至少要把無線電信標的設置，列入初期任務中。」祖賓指出：「我們得面對現實，那就是穿著太空裝到處走動、進行田野探勘，非常耗體能。任務成員能撐多久，就要看他們的體能狀況。」

火星學會對火星任務策劃者，提出一個很重要的但書：在前往火星的漫長旅程中，要想辦法不讓任務成員處於微重力或無重力條件下。祖賓的論點是：「我們確實能夠在無重力的情況下撐到火星，但這樣毫無意義。我們前往火星是為了探索，不只是單純為了抵達火星。也就是說，在前往火星的路途上，應該要有人工重力。」美國航太總署的醫學計畫，目前幾乎都在研究無重力狀態對健康的影響，但祖賓警告他們「要調整方向」，把注意力放在有重力條件下，進行太空旅行對人體的影響。

最後，在火星模擬研究的支持下，祖賓又提出一項警告：「有人說在長期的火星任務中，人類心理將會是最脆弱的環節；但這是錯的。我們的任務成員已證實他們適應力很強，我相信，將來的美國航太總署太空人也是如此。想要實現火星任務的人，精神都很強韌。只要我們選出適合的團隊，來進行火星前導任務，人類將會是整個環節中，最堅強的部分。」祖賓如此總結。

維生並保持理智

從夏威夷茂納羅亞（Mauna Loa）火山海拔 2500 公尺高的山坡上遠眺，風景宜人，也離火星稍微近了點。這裡是「夏威夷太空探索仿真與模擬計畫」（簡稱 HI-SEAS）的基地。2012 年，美國航太總署的人類研究計畫（Human Research Program）開始資助這項計畫，幾間大學也參與其中。

HI-SEAS 舒適的居住空間約有 370 立方公尺，可用面積達 110 平方公尺。內含小間寢室，可容六人居住，還有一間廚房、實驗室、浴室、模擬氣閘，以及工作區。建物南側有成列的大型太陽能板，供應居住艙所需的電力。附近還有一臺備用的氫燃料電池發電機。即使是在火星，這樣的居住條件也滿吸引人的。

這項火星模擬研究，是美國航太總署資助最久的一項計畫。首次 HI-SEAS 任務為期一年，還有長期（超過 8 個月）的小型模擬任務同時進行，把人關在偏遠又與世隔絕的環境內。大約有 40 名來自世界各地的志願者負責支援 HI-SEAS 任務，與隔離中的太空人溝通，由於要逼真模擬火星上的生活，訊息都會刻意延遲 20 分鐘。太空人進行探勘任務時，必須穿上太空裝，步行到居住艙外，進行地質調查。

這項計畫主要在檢驗任務成員的組成及凝聚力，幫助我們了解未來人類探勘火星時，可能面臨的狀況，同時累積經驗。研究聚焦於心理及心理社會因素，以確保未來團隊獨立進行長期太空旅行時，能高效率的運作。

「基本上，我們是在研究如何讓他們維生並保持理智……不會在漫長的火星任務中互相殘殺。」HI-SEAS 計畫的主調查員暨夏威夷大學瑪諾亞校區教授金・賓斯戴（Kim Binsted）說。要得到完整的結論還需要一些時間，但有一點是肯定的，她說：「執行長程任務肯定會發生衝突，這是無法避免的。」衝突來源從由誰主導，到單純因為沒吃到愛吃的東西而發脾氣都有可能。

那麼，火星任務團隊該如何化解衝突，回復良好的工作表現？這正是 HI-SEAS 研究議程的一部分。「他們不可能去酒吧喝一杯。」賓斯戴說：「也沒辦法六個月不見面，閃躲問題並不是可行的選項。」

賓斯戴又說，另一個問題是任務成員和地面之間的聯繫，這問題一部分要歸因於通訊延遲。因此這個身處異地的團隊，必須有獨立自主的能力。火星上的人對自己每日的工作有較多掌控權，和國際太空站上的太空人很不一樣。「他們每天的行程詳細到，幾時幾分該做什麼，每件事都由地面控制中心主導。火星任務卻沒辦法這樣，那是不可能的。」她再三強調。

災難

未知之地｜塵暴、噴出冰的火山、地震、山崩、熔岩管坍塌等地球上沒有的地質和氣象災難，都有可能危害火星上的人類。我們對於火星地表和地下的各種力量，所知甚少。

可能會出什麼差錯？

賓斯戴解釋說，HI-SEAS 成員忙著測試裝備、評估規章，甚至要評估通訊軟體概念，完全沒有閒下來的時間，更不可能像實驗鼠一樣打混摸魚，畢竟美國航太總署很想知道火星任務中可能出錯的初期徵兆。因此，航太總署列了一份龐大的風險清單，有些風險分為綠色，表示情況在掌控中；黃色表示可能會出問題，但機率很小或影響不大；紅色風險則表示出大麻煩了，必須優先處理。

　　賓斯戴指出：「有些紅色風險可透過火星模擬研究來解決。那就是我們在做的事……把這些紅色風險變成更輕微的類別。」時間也站在 HI-SEAS 這邊。第五次任務從 2017 年 1 月開始，會持續八個月；之後從 2018 年 1 月起，又會有另一次為期八個月的任務。

　　賓斯戴提到，每個模擬任務都有各自的優缺點。「我們有個看起來和火星非常相似的環境；但另一方面，就算想研究生命受威脅的感受，我們卻沒有這樣的條件。任務成員都很清楚，必要的話，我們很快就可以送他們就醫。如果想體驗生命危險，就得到南極去。」

　　那麼，擔任 HI-SEAS 的主調查員會有什麼感受？

　　「坦白說壓力有點大。我得 24 小時在電話旁待命。」賓斯戴回答：「我有時會睡一半醒來，擔心居住艙會不會出問題，或者火山會不會噴發。幸好都沒發生這些情況，老天保佑。我個人很有壓力，任務成員也是一樣，本來就會這樣。但話說回來，這些之後都會變成研究數據。」

模擬火星的極限

　　在今日，想成為火星人的人，正在地球上的火星模擬站工作。但是我們的行星上，並沒有和火星一樣的天氣、地質和大氣條件等人類必須克服的困難。火星是一個獨特的世界，陸地面積相當於地球上所有陸地合在一起，擁有巨大的峽谷、沙丘和高聳的山脈。是的，這些元素構成了視覺上的饗宴，同時也是個充滿危險的地方。巨岩鬆動、熔岩管坍塌、冰穴和火星風暴等，都會是火星探勘者得面對的危險。

　　首次送人類上火星的任務正如火如荼地進行中，工程師也忙著為火星的基地勾畫藍圖，初期的居住艙可能很簡陋，但不久之後，就能利用 3D 列印技術，改進早期的基地，並快速擴展火星社區。

遙遠而終年寒冷

哈雷研究站由英國南極調查局（British Antarctic Survey）於50年前在布倫特冰棚（Brunt Ice Shelf）設立，為人類長久處於隔絕狀態的行為與身心靈健康提供參考。圖中是2013年啟用的哈雷六號（Halley VI）研究站。

地球上的
火星模擬

在法國與義大利於南極共有的協和研究站，研究成員得在極寒的零下氣溫從事戶外活動，並在封閉的室內空間內生活。貝絲·希利（Beth Healey，圖右）醫生觀察極端條件對這些人的作用，發現有人依然沒失去幽默感，如下圖中的雪屋，就是在2013年由一名冬季成員所建，用來歡迎即將到來的夏季研究者。

更接近天空

在協和研究站,南極光一覽無遺。然而,觀看者必須忍受各種極端條件,例如攝氏負50度的平均氣溫。這個由法國與義大利合作的研究站研究的主題,包括地球冰川和大氣,以及人類如何適應嚴峻程度可比火星的極端環境。

雖近猶遠

2015年8月，六名科學家搬入夏威夷茂納羅亞這個太陽能發電的圓頂結構，展開為期365天的隔絕生活。這是美國航太總署的「夏威夷太空探索仿真與模擬計畫」的一部分，讓人類模擬火星上的生活。計劃的主科學官克莉絲提安·海尼克（Christiane Heinicke）說：「就算不像真的在火星上生活，還是會覺得距離人類文明非常非常遙遠。」偶爾還是會有太空人出來，如圖中所示，進行艙外活動（extravehicular activity，EVA）。

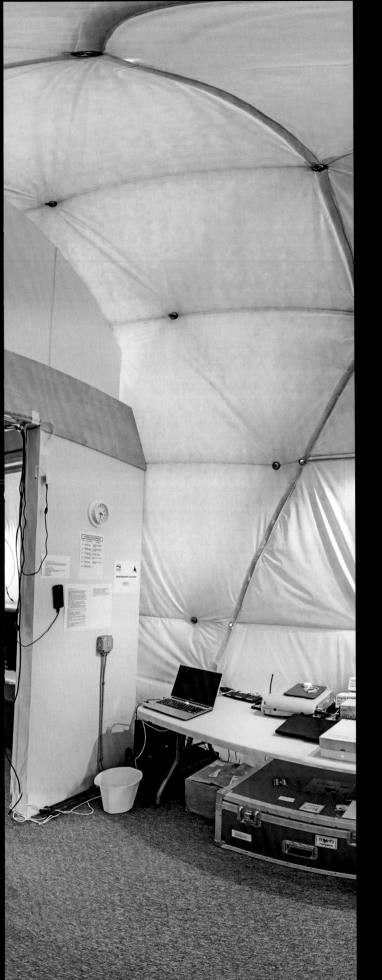

舒適小屋

HI-SEAS圓頂小屋的住戶把他們的家稱作「sMars」，意思是模擬火星。這個圓頂結構的直徑約11公尺，包含一個92平方公尺的公共空間（含廚房），並將40平方公尺的閣樓隔成六間單人房。他們也會進行艙外活動，像是到荒涼火山地形進行熔岩管探勘（下圖）。

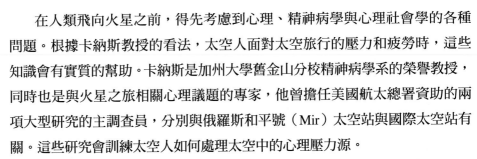

英雄榜｜尼克・卡納斯（Nick Kanas）

加州大學舊金山分校精神病學系榮譽教授

　　在人類飛向火星之前，得先考慮到心理、精神病學與心理社會學的各種問題。根據卡納斯教授的看法，太空人面對太空旅行的壓力和疲勞時，這些知識會有實質的幫助。卡納斯是加州大學舊金山分校精神病學系的榮譽教授，同時也是與火星之旅相關心理議題的專家，他曾擔任美國航太總署資助的兩項大型研究的主調查員，分別與俄羅斯和平號（Mir）太空站與國際太空站有關。這些研究會訓練太空人如何處理太空中的心理壓力源。

　　「執行多項任務，同時派出許多人手是很重要的。」卡納斯說，指的是要累積許多關於太空人及任務控制對象的龐大資料。他說，在過去的 10 到 15 年間，有更多種人參與太空旅行，突破早期只限男性飛行員的模式。

　　人類前往火星的深太空任務中，充滿許多值得擔憂的心理議題。卡納斯指出：「你會感到與世隔絕。如果在火星上出了什麼問題，也不能打道回府。如果有人出現生理或心理問題，也沒有辦法趕緊把他送回地球，只能就地處理。」

　　卡納斯和德國柏林工學院的工作、工程與機構心理學教授迪特里希・曼澤（Dietrich Manzey）共同提出，火星人員可能會經歷一種他們稱為「看不見地球」（Earth out of view）的現象。「這只是個假設，還沒有人知道是否會成真。」卡納斯說：「太空人認為待在太空中的一個好處，就是看到宇宙中的美麗地球時，能夠意識到它的重要性。」不論是從地球軌道或月球上往回看，都會有這樣的感受。

　　那麼，看不到地球會怎樣呢？狀況最糟時，站在火星上的人會因為行星和太陽的相對位置而看不到地球，更慘的是，無法和朋友、家人與控制中心的夥伴即時對話。「地球不再是美麗的圓球，而變得像一顆不起眼的小點。」卡納斯繼續說：「再加上你無法即時和任何人說話。」

　　卡納斯補充：「看不見地球」的現象可能會讓人覺得，重要的事情也變得無關緊要，或反而強調出遠離一切事物的孤絕感。「讓你進入另一種狀態，造成憂鬱、精神不穩或極度思鄉……我也不清楚。火星可能會引發的許多問題，我們都還沒有解答。」

在國際太空站的和諧號節點艙中，美國航太總署太空人凱傑爾・林德格倫（Kjell Lindgren）幫坐著的俄羅斯太空人奧列格・柯諾年科（Oleg Kononenko）理髮。他手上的推剪附真空吸管，避免剪下的頭髮四處飄散。

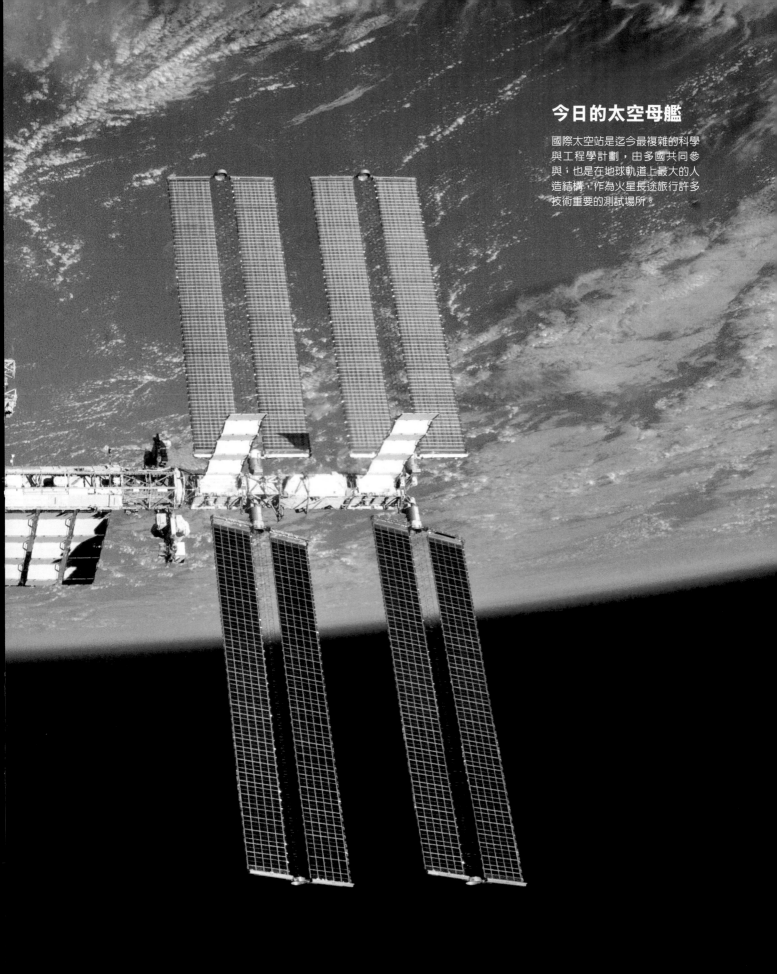

今日的太空母艦

國際太空站是迄今最複雜的科學與工程學計劃，由多國共同參與，也是在地球軌道上最大的人造結構，作為火星長途旅行許多技術重要的測試場所。

軌道上的音樂與咖啡

加拿大太空人克里斯·哈德菲爾德（Chris Hadfield，左頁）於2012到13年間在國際太空站上執行任務時，翻唱了大衛·鮑伊的名曲〈太空奇遇〉（Space Oddity），透過YouTube紅遍全球。兩年後，包括歐洲太空總署太空人莎曼塔·克利斯托佛利提（Samantha Cristoforetti，下圖）等成員，得以在國際太空站啜飲現煮咖啡。這都有賴於一項嶄新設計——名為「ISSpresso」（前三個字母為國際太空站的縮寫）的咖啡機，它不僅是咖啡機，也是無重力狀態下的流體運動實驗。

國際太空站的新成員

俄羅斯聯合號（Soyuz，亦稱聯盟號）太空船載著三名太空人，準備與國際太空站對接。太空船的自動對接系統失靈後，由俄羅斯太空人尤里·馬倫琴科（Yuri Malenchenko）負責掌舵。右方是已對接好的天鵝號（Orbital ATK Cygnus，「軌道ATK」公司的商用貨運太空船）太陽能板。

接風洗塵

2016年3月1日，俄羅斯聯合號TMA-18M太空船在哈薩克偏遠的小城傑茲卡茲甘（Zhezkazgan）附近著陸，技師和媒體立刻蜂擁而上。太空艙內的美國太空人史考特·凱利和俄羅斯太空人邁克爾·柯恩尼科剛結束將近一年的太空生活。

英雄榜｜馬克・凱利與史考特・凱利

美國航太總署太空人兼工程師

和俄羅斯太空人柯恩尼科及謝蓋爾・沃爾科夫（Sergey Volkov）一同著陸後，才過了幾分鐘，史考特・凱利就雙手豎起大拇指。之後，史考特的雙胞胎兄弟馬克與他會合。兩人共同參與美國航太總署的研究，探討長時間處在無重力環境下，會如何影響人體。

2016 年 3 月 1 日，美國太空人史考特・凱利乘著俄羅斯聯合號，以降落傘飄回地表。他剛在國際太空站待滿 340 天——將近一年的時間，參與能幫助人類前進火星的實驗。

同一時間，史考特・凱利的雙胞胎兄弟、退休太空人馬克・凱利，則待在地球上，參與一項嶄新的研究，看太空旅行如何對人體造成影響。對美國航太總署來說，雙胞胎研究是一個全新的領域，甚至得探討到遺傳基因。凱利兄弟是目前為止唯一經歷過太空旅行的雙胞胎，既然要放眼火星，從兩兄弟身上採集到的資訊，對於找出火星長途旅行潛在的問題，應該會很有幫助。這趟旅程加上往返時間，很可能超過 500 天，因此長期的醫學與心理學知識，是策劃這趟旅程很重要的基礎。

在史考特的飛行任務前後和執行期間，凱利兄弟都要接受生理和認知測驗。史考特在軌道飛行與返回地球的過程中，馬克也有定期接受抽血和超音波等檢驗。史考特降落後，接受了從頭到腳的生理狀態測試，發現由於長期待在太空，導致他的椎間盤變長，讓他長高了 3.8 公分。他自己是說：「重力會讓我再度變矮。」

回到地面時，史考特說：「唯一讓我意外的是，一年竟然這麼長。」他補充說，能夠從太空站的窗戶看到故鄉地球，帶給他很大的安慰。「地球是個美麗的行星……對我們的生存十分重要，你在太空站才能好好地欣賞地球。」

史考特・凱利給太空旅行者的忠告是：必須專注在手邊的任務上。「不要急於求進，顧好當天該做的事就好。這個觀念非常重要。我會特別標出短程的里程碑，像是下一批太空人什麼時候抵達？下一次太空船何時來到……下一個重要的科學活動是什麼時候？」他認為前往火星「如果要花兩年到兩年半」，仍是有可能的，因為成為第一批抵達火星的人，就是很大的動力。不過他也說，挑戰依然存在，還特別指出前往遙遠行星的過程，會讓人暴露在輻射中。

對兩兄弟來說，參與雙胞胎計畫是很正面的經驗。馬克說：「我在美國航太總署擔任太空人時，出過四次任務。我得承認，如果要計算我參與的研究，這可以說是我做得最多的一次。」

撇開醫學發現不談，史考特著陸後見到兄弟馬克，做出的第一個結論是：「他膚色變深了……但那可能是因為他打太多高爾夫球了。」

設計火星上的
生活

「Mars500」是俄羅斯生物醫學研究所（Russian Institute for Biomedical Problems）和歐洲太空總署合作的計畫，在莫斯科特別設計的設施（右圖）中，模擬幾種旅居火星的生活。義大利工程師迪戈・烏爾比納（Diego Urbina，下圖）從2010年7月起，與其他五位組員在居住艙中生活了520天，直到2011年11月。

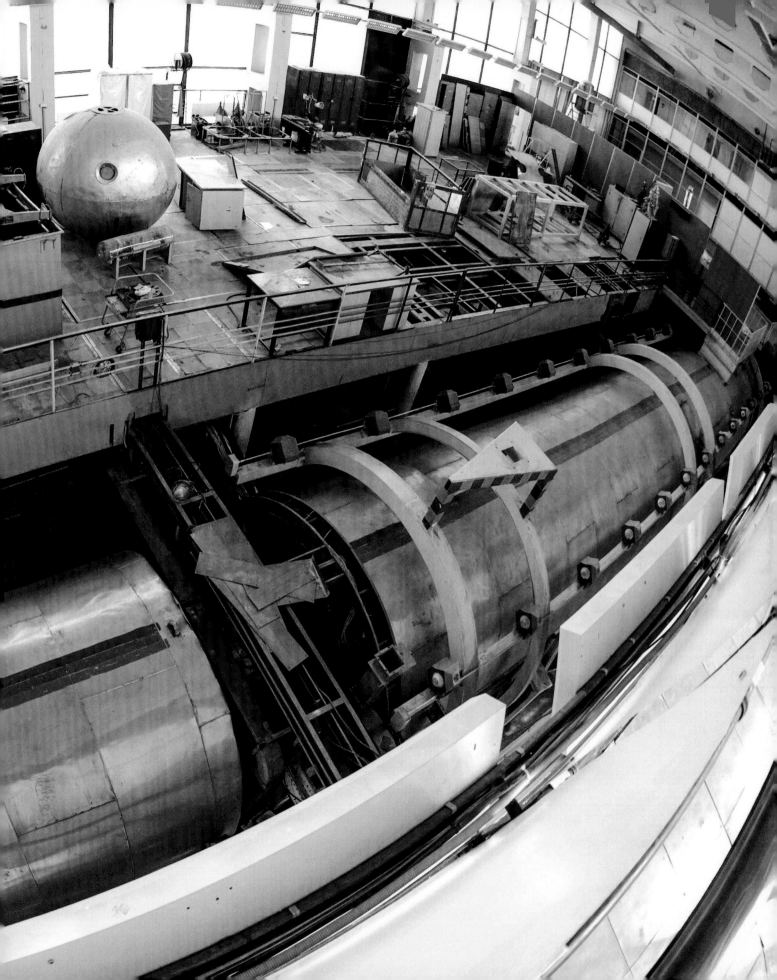

沙漠訓練

美國猶他州南部一片荒涼偏僻的景觀，正好適合用來模擬火星上的生活。，非營利組織火星學會從2001年起，在這裡設立了火星沙漠研究站（Mars Desert Research Station），以進行火星生活仿真體驗。

挖掘火星生命

在美國猶他州，火星學會沙漠研究站的研究者（左圖及下圖），穿著在火星上不可或缺的設備，外出採集土壤樣本，他們手中的工具，完全就是在火星上會使用的工具。在這裡，每個活動的測試結果，都可運用到未來在紅色星球上的生活。

英雄榜｜吉姆・帕斯（Jim Pass）

宇宙社會學研究所（Astrosociology Research Institute）執行長

　　太空旅行中展現的科技奇蹟十分引人入勝。這也難怪，在宇宙中翱翔，是真正高科技工程的極致。但美國加州宇宙社會學研究所的吉姆・帕斯相信，對「宇宙社會」現象的科學研究，也十分重要，那指的是與外太空旅行相關的社會、文化與行為模式的研究。

　　帕斯說，自從 50 多年前太空時代開始以來，強調的都是科學、科技、工程與數學（STEM）。「S 是科學（science）的縮寫，但不包括社會與行為科學，更不用說人文或藝術了。」時至今日，我們改而談論 STEAM 的力量，在原本的 STEM 中加上藝術（art）。但他說，雖然這樣就往前邁進了一步，卻仍然沒有包含社會科學的各個學門。「我們要成功殖民火星，就非得結合這兩門科學。我認為宇宙社會學，就是一種實現方法。」他補充說，火星和地球上一樣，也需要社會科學家。

　　帕斯也說，移民到不同的太空環境，例如火星和月球，似乎就是人類未來的發展方向。這些投資有很多種回報的形式：在小行星上挖掘地球所需的資源、減緩人口過剩及資源折耗、避免全球性災難造成人類的滅亡，以及滿足人類探索新疆界的渴望。

　　帕斯也警告說：「所有好處都很重要，但我們必須以負責任的態度，處理移民火星的議題。」他特別舉出地球和未來火星殖民者之間，會有頗長的通訊時差。「這中間的延遲意味著，殖民者必須自己做出許多決定。此外，這種獨立自治的權力，通常會衍生出族群中心主義。哪天火星殖民者可能會想與地球的支援者斷絕關係，所以我們現在就該開始研究，未來可能出現的星際關係議題。」

　　火星殖民地要達到自給自足、且規模夠大的程度，可能要花數十年的時間。所以考慮下一步會發生什麼事，等於是在練習預想遙遠的未來、或許是從現在算起 100 年後的發展。「我可以想像人類在小行星上採礦，或是宇宙生物學家和行星科學家在調查木衛二歐羅巴（Europa）等各個天體，以及住在不同地方的太空站裡。」

　　這也是為什麼「我們現在就該吸收（宇宙社會學）知識；我們現在在地球上觀察到的原則與現象，同樣會在火星上發生。」帕斯說：「因為人類到哪都還是人類，不管移民到太陽系的什麼地方，都會把文化與社會結構／制度方法的一部分帶過去。」

發現號（Discovery）太空梭的成員成功抵達國際太空站後，拍下這張歡欣的合照。透過他們腳下的圓窗，就可以看到地球。

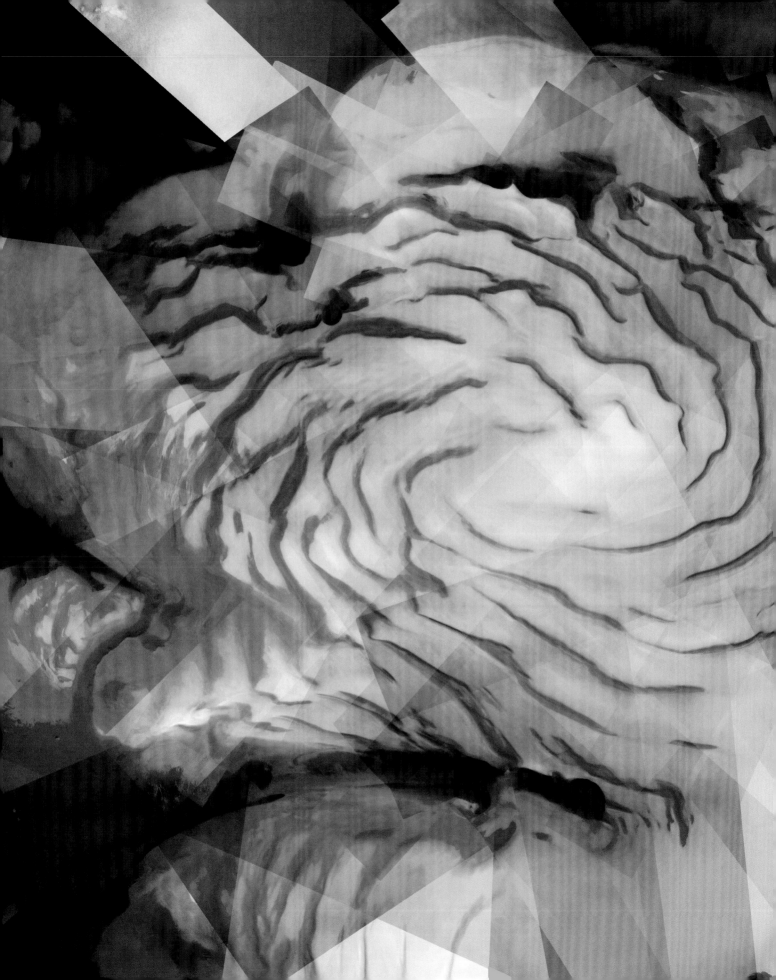

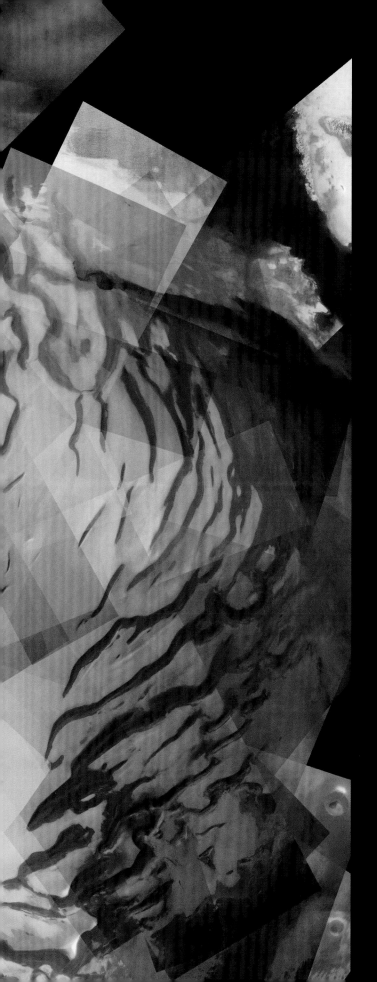

極地影像

歐洲太空總署的火星快車號從2003年開始在火星軌道上運行，就一直在記錄這枚紅色星球冰封的兩極。組合高解析度立體相機拍攝的57張影像後，會看到北極冰冠（左圖）。同樣的相機也從1萬公里的高空，以一張全景照片捕捉到南極（下圖）影像，並校正了顏色和大小。

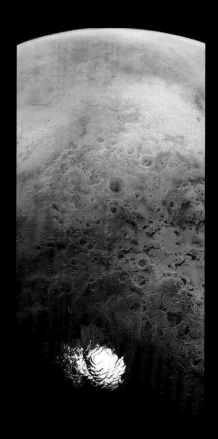

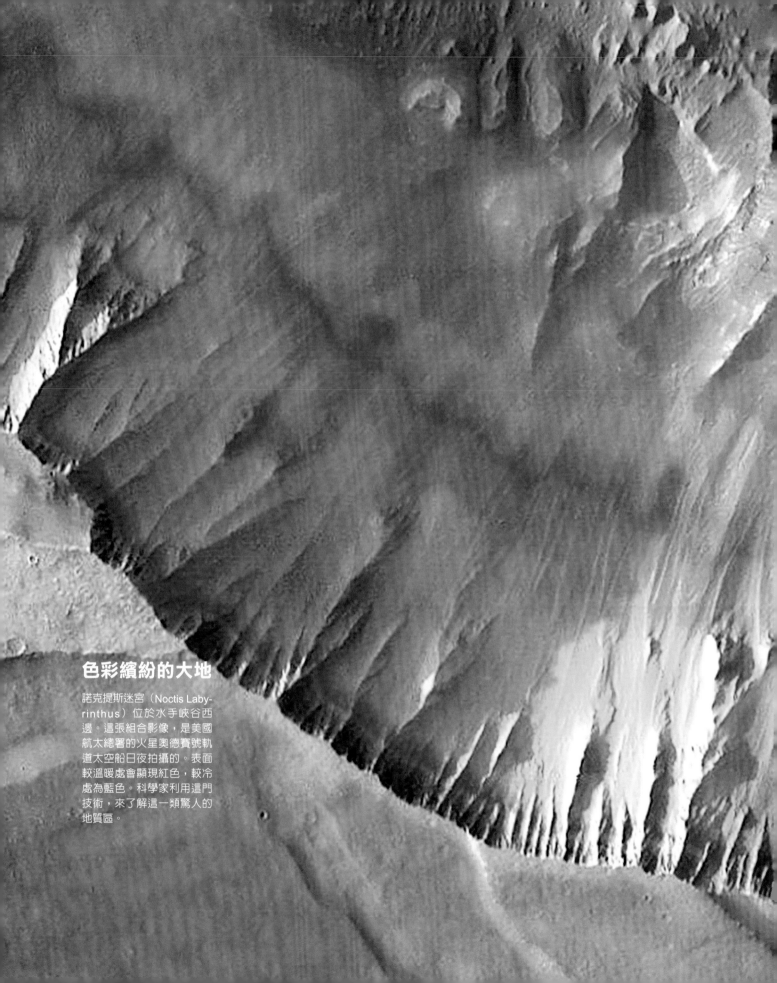

色彩繽紛的大地

諾克提斯迷宮（Noctis Laby-
rinthus）位於水手峽谷西
邊。這張組合影像，是美國
航太總署的火星奧德賽號軌
道太空船日夜拍攝的。表面
較溫暖處會顯現紅色，較冷
處為藍色。科學家利用這門
技術，來了解這一類驚人的
地質區。

人類在火星上的住處，必須要能應付劇烈的温差變化、絕少的水或甚至無水，以及持續曝露在輻射下所帶來的死亡威脅。

火星基地

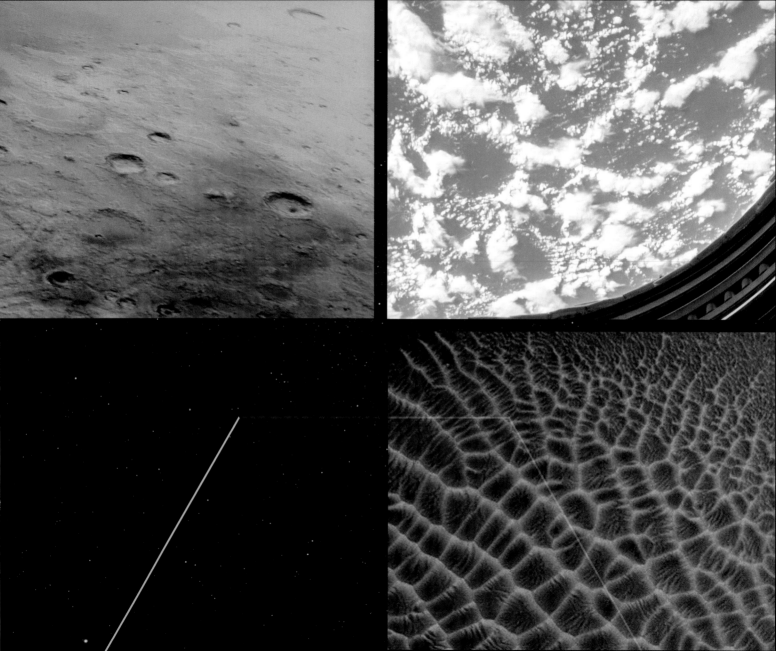

維多利亞隕石坑（Victoria Crater）是美國航太總署機會號探測車待上超過一個火星年的停留地點，寬度約800公尺。荷葉邊一般的輪廓，由峭壁構成中央的絲狀結構則是移動的沙丘。

火星基地

火星並不只是紅色的地球，而是一個複雜又缺乏海洋的行星。非常乾燥、布滿岩石、冰寒徹骨，不管從高空或地面觀察，火星都擁有各式各樣的特徵，還有全太陽系已知最大的火山和最深的峽谷。

火星的地面風還算溫和，通常都是時速約 10 公里的微風，但陣風有可能達到時速 89 公里。不過，火星上的風其實比地球上的風小又弱，這是因為火星的大氣密度較低，約為地球的百分之一。

然而，火星還是有其嚴峻之處。由於大氣稀薄，在火星上行動的人會暴露在致死劑量的太空輻射之下。缺乏臭氧層，再加上大氣壓力較低，火星表面充滿了紫外線。太空醫學專家已提出警告，紅色星球上的輻射量，會讓辛勤工作的太空人直接曝露在癌症的威脅下。

火星上的溫度差異極大。赤道附近約攝氏 30 度，兩極卻是極冷的攝氏零下 175 度。再加上火星上可能富含過氯酸鹽，這種有毒物質在高劑量時，會影響我們甲狀腺的功能。所以火星確實對人類不怎麼友善。

太空建築師與工程師在設計火星上的人類居所時，都得考慮到以上種種因素。第一個考量就是，人在火星上要怎麼呼吸？火星的大氣濃度只有地球的百分之 1，相當於地球上海拔 3 萬公尺高的地方，而且火星大氣有百分之 95 都是二氧化碳，幾乎沒有氧氣。對任職於美國麻省理工學院海斯塔克天文台（Haystack Observatory）的麥克・赫特（Michael Hecht）來說，這是他工作中一項重大挑戰。

「幸好每個二氧化碳分子裡，都有兩個氧原子。」他說：「只要有足夠的能量，是有可能利用二氧化碳來製造氧氣的。事實上，樹木隨時都在做這

好奇號探測車在2015年前往夏普山（Mount Sharp）的艱辛路途上，捕捉下這片岩石地貌。這裡的地層顯示，很久以前曾有水流過。

第三集

壓力驟降

人類第一趟火星任務身陷
險境。狄德勒斯號降落時
的出錯，引發了一連串的
問題，火星遠征隊不僅進
度落後，連最基本的維護
居住艙都有困難。正當地
球的控制中心開始質疑繼
續執行任務的意義時，火
星上的成員必須和時間競
賽，找到適合的落腳處，
否則就得終止任務，搭著
下一艘抵達火星的太空船
回家。

件事！」現在已經有一個系統複製了這個轉換過程，之後會用在美國航太總署的火星 2020 探測車任務中。這套系統使用稱作「火星原地氧資源利用實驗」（Mars oxygen in situ resource utilization experiment，稱 MOXIE）的再生式燃料電池。MOXIE 會收集火星上的天然二氧化碳，電解為一氧化碳和氧。如果火星 2020 任務證實可行，未來可能會使用類似 MOXIE 的系統，在火星上為人類製造可供呼吸的氧氣，並為火箭燃料製造液態氧，讓火星上的人飛回地球。

赫特說，MOXIE 是一項開創性的實驗，並指出這漾等於是「以大自然現有的方式，取代我們原本要帶去的資源」下一個問題是：火星上的自然環境，可以提供適合人類使用的水嗎？

美國航太總署的火星勘測軌道衛星從 2006 年開始在火星軌道上運行，用高解析度成像科學實驗相機（HiRISE），詳細記錄整個火星，展開目前規模最大的深空任務。拍下的影像不只令人驚艷，更具重要的科學意義。

「HiRISE 讓我們逐漸熟悉火星。」阿爾弗雷德 · 麥克尤恩（Alfred McEwen）說。他是位於美國土桑的亞利桑那大學（University of Arizona）的行星地質學教授，也是這臺超級相機的主調查員。他說，透過 HiRISE 得到的

影像，我們可以知道在火星表面行走，會看到怎樣的地形，同時也「顯示火星目前怪異的地質過程，例如二氧化碳季節性凝結，造成流體化顆粒，這些顆粒之後又侵蝕出溝渠。」

這些新產生的溝渠，看起來很像地球上流水侵蝕而成的溝渠。2014 年，火星專家提出間歇液態水流動的強烈證據，可能對於火星遠征隊的維生有所幫助。

美國航太總署位於華盛頓特區的科學任務理事會（Science Mission Directorate）科學暨探勘助理負責人瑞克・戴維斯（Rick Davis）說：「在火星上找到大量的水，會讓局勢整個翻盤。」儘管如此，專家仍持續在火星上尋找水源，以供應充足的水，來維持人類遠征隊在火星上的生活。要如何利用火星上的冰、水合礦物，還是地下深處的含水層，來產生可用的水？戴維斯建議：「我們還要更聰明些」，才能確定要在哪設立火星基地，才最適合取得水資源。

在何處生根

人類在火星上的第一個營區，應該設在何處？目前深入研究的數十個地點，都位在南北緯 50 度之間，和地球一樣，這個區間也是火星上最溫暖的地區。早期探勘地區必須滿足幾個條件：有三到五個著陸點；能設置容納四到六人遠征隊進行長達 500 個火星日（約是地球上的一年半）的探勘基地；還要能前往具有科學研究價值的地區，並取得可供遠征隊利用的資源。

美國航太總署位於德州休士頓的科學應用國際公司（Science Applications International Corporation）的人類前往火星計畫策劃員拉瑞・杜普斯（Larry Toups）和史蒂芬・霍夫曼（Stephen Hoffman）認為：初期的火星基地同時也要有許多活動區域。這構想是說，人類在火星上的活動，應盡量限制在基地周邊，基地本身則要遠離易發生危險的地方，例如起降點，因為火箭運轉會引起塵土飛揚，可能造成危險。因此，杜普斯和霍夫曼規劃出四個獨立區域。

居住區：這一區是火星基地的中心地區，包含太空人的住處、研究設備、物流倉庫，及作物種植設施。

動力區：火星基地可能採核能發電，也可能使用太陽能。如果是用核能，發電設施就必須和人員及其他硬體隔開。

主要降落區：主要作為火星上交通工具的起降點。到了某個階段，就可在此製造太空船的推進劑。

　　運貨船降落區：位置較接近居住區，是把貨物送到火星的運輸區。

無人太空設備總動員

　　要探索距基地較遠、較難抵達的區域時，火星探險家將利用各式各樣的機械代勞。例如從表面發射滑翔機、載有儀器的氣球、機器蛇等，還可用履帶車來探勘地下洞穴，像是熔岩管洞穴；這些自動化機械設備都在設計考慮之列，作為替代人類進行探勘的工具。

　　其中一種設計，是載有感測器的「風滾草」，它可以藉著風力橫越地表，非常節省能量。這種低成本機械，可在紅色星球上隨機漫遊很長一段時間，甚至可能橫越火星殘餘的冰冠。自動化的風滾草可以加裝太空生物學研究的功能，偵查火星大地，同時調查自然資源。

　　「跳躍式」機器可從一地跳到另一地，每次彈跳時搜集周遭景觀的資料，再飛到另一個地區。這種耐用持久的工具，可像袋鼠般重複彈跳數百次，每次跳躍都使用火星大氣中豐富的二氧化碳作為推進劑。這種機器安裝了放射性同位素電池，並利用它產生的熱能來點燃燃料；藉著定向爆炸，還可把機器移動到新地點。

　　氣球的設計也很受關注。這種從基地施放的氣球，可自行控制方向，同時施放許多氣球，就可對火星進行詳細的研究。由於能長時間飛行，這種氣球可以在兩極間進行探勘，也可偵查特定目標。氣球上可攜帶小型探測車，作為微型的地質化學實驗室，或者在想近一步調查的地點，設置領航信標。

　　還有一種可用於火星探勘的飛行道具，稱為「機器昆蟲」（entomopter）。這種長得像昆蟲的機器，會掮動翅膀巡邏火星。放出去後，這些機器昆蟲會利用火星的稀薄大氣和較小的重力來進行科學工作，如拍攝地面的照片或採集樣本，然後飛回出發點卸貨、添加燃料，再度出發。

火星上的舒適生活

　　一開始，火星上的人類居所會很簡單，不過隨著時間演進，可能在經歷大

幅改變。第一個建物設計的概念稱為「通勤式建築」，就是先把幾個居住單元放在相對平坦、安全的位置。遠征隊要調查地質多樣性較大的鄰近區域時，再使用交通工具前往。

　　想在火星上散步嗎？美國航太總署太空人史坦利・洛夫說：最好先對事前準備有心理準備。他本身在國際太空站，就有豐富的太空漫步經驗。準備工作包括先吸入純氧，把體內的氮氣排掉，才不會在太空中因減壓，使氮氣在體內形成氣泡。太空裝本身也要多加維護。「我們還不知道在火星上有多少工作需要用上太空裝，也不曉得居住艙內有多大的氣壓，那會進一步決定我們外出前，事先吸氧要花多久時間。」洛夫根據自己在 2012 到 13 年間參與「南極隕石搜尋計畫」（Antarctic Search for Meteorites，簡稱 ANSMET）的經驗表示：「如果能讓火星太空裝和設備，像現代極地裝備一樣容易使用和維護，預估平均每天可在居住艙外探勘、研究的時間是四小時。」

　　為了在火星上建造住處和研究站，太空人一開始就要動手改造從地球載來必要物資的貨運艙。在科學應用國際公司任職的頂尖航太工程師史蒂芬・霍夫曼解釋：「基本的居住艙完成後，後來抵達的人員雖然要帶自己的物資到火星，但不用再運來居住艙。」貨運艙可以改造成不同用途，如植物種植室

較重但又脆弱的儀器，可利用降落傘和氣球降落技術，在火星上軟著陸。這張預想圖是由福斯特建築事務所（Foster + Partners）描繪。

「火星是人類未來朝太空發展的關鍵。除了擁有支持生命及科技文明所需的所有資源，又是有這些條件的行星中，距離我們最近的。它極其複雜，因此人類探勘者也要善用各種技巧，為將來的火星拓殖奠定基礎。」

——羅勃・祖賓，火星學會總裁

或獨立的科學艙。貨運艙經改造後，大小雖不足以生產全體人員需要的糧食，但至少是個開端，能探討什麼行得通什麼行不通，或許還可以為太空人的料理包加點生鮮配菜。

豐沛的資源

隨著更多載人及無人貨運任務的到來，預計在接下來的 20 年間，火星營地會持續成長。基礎設施穩定地增加，未來對地球物資的需求就可逐漸減少。美國航太總署的蘭利研究中心（Langley Research Center）設計的分期規劃，正是依據這個大原則。未來人類將「開發利用火星的豐沛資源，而不是對來自地球的少量資源進行控管」。最初的兩組人員將設立兩個小型地下居住艙，這些居住艙能連接儲藏大量燃料、維生液體和食物的倉庫。燃料和維生液體將從火星地表收成，例如從冰或大氣中取得。污水將循環利用，用在作物種植上。隨著時間經過，火星基地將產生許多新科技，更能獨立於地球運作，甚至生產燃料、氧化劑、維生必需品、零件、替代性的交通工具和居住艙等，迎向超越低地軌道的廣大太空。

每一批新成員抵達火星，都會帶來更多新事物，尤其是生產製造等流程，這些新技術終能幫助火星不再依賴地球。其中一個目標，是要在火星上從頭到尾完整生產出探測車，原料則取自火星資源生產的塑膠，以及在「進入、下降和著陸」時報廢的金屬。

3D 列印又稱為積層製造，這項技術在國際太空站已展現出它的潛力。本來必須在地球上製造，再用傳統方法由地面發射、送到太空站的物品，已有許多可在國際太空站上，以 3D 列印技術迅速製作出來。既然在低地球軌道可行，在火星上是否也一樣？

Made In Space 的執行長安德魯 • 拉許（Andrew Rush）認為答案是肯定的。Made In Space 是一家開發無重力 3D 列印機的公司，拉許相信，積層製造將是實現火星永續生活的基石。「去露營的人和去荒野的開拓者之間最基本的差異，就是他們攜帶的工具。」拉許說，開拓者必須帶具有生產力的工具。「最早的火星開拓者得與製造科技為伴，製造科技也得隨著後到的開拓者而升級、擴展。」

在火星上，積層製造的設備要能使用在地資源來生產工具、建材、食物等多種物品。「從現在起到火星拓殖的時代，食物列印和許多新興領域的技術，將會有長足演進。」拉許預測：「舉例來說，屆時可以遠距離生產地球上的美食。」

目前，南加州大學的快速自動製造技術中心（Center for Rapid Automated Fabrication Technologies）正在研究「輪廓建造」（contour crafting），這種技術可以自動構成整個房屋構造，大幅降低建築所耗費的時間與成本。大型的建構單元一層層建造起來，厚度可比磚塊，藉此快速造出大型結構。在地球上，這個方法可以產生高品質的低價房屋，甚至在災難發生時，快速建造緊急避難所或臨時住宅。中心主任貝羅赫・喬許尼瓦斯（Behrokh Kjoshnevis）預見把這種技術應用於月球或火星的可能性。他們也正在發展「選擇性分離塑造」技術，透過積層製造法，把月球和火星上可得的資源製作成金屬、陶瓷及複合材料。

火星建築的願景

　　所以，未來的火星住宅會是什麼樣子？火星上可得的資源結合最新的 3D 列印技術，再加上豐富的想像力，便可以具體實現火星住宅。事實上，現今世界各地有許多建築師、工程師與規劃者都在研究這個設計課題。

　　2015 年，美國航太總署及國家積層製造創新研究所（National Additive Manufacturing Innovation Institute，亦稱「美國製造」〔America Makes〕研究所）舉辦了一次競賽，徵選創意團隊來為火星等深空目的地，設計 3D 列印居住艙，結果收到超過 165 件作品。第一名是「火星冰屋」（Mars Ice House），這個看似冰屋的蜂巢狀結構，完全由冰建造，設計者是位於紐約的建築與太空研究合作團隊「太空探勘建築」（SEArch）和「雲建築辦公室」（Clouds AO）。「火星冰屋」將使用半自動化機器人列印，蒐集地下水冰為材料，製作建築物的內牆和外牆。由於使用 3D 列印技術及火星當地可得的材料，建造「火星冰屋」不需要從地球送來重型設備、補給、材料和建築結構。

　　「火星冰屋」利用火星北方豐沛的水和低溫環境，創造出多層加壓的冰製外殼，內部為登陸艇和農場，外部光線可進入住艙。建造的作業時間之短，甚至可以在太空人抵達火星前，就以半自動和數位製造技術完成。「基於對明亮採光和戶外環境的迫切需求，孕育出火星冰屋的原型，再以火星的建築語彙實現。」這個團隊解釋：「我們想創造令人安心的棲身之所，這裡不僅能讓身心靈存活，還會益發茁壯。」

　　得到第二名的是隸屬紐約福斯特建築事務所的伽馬團隊（Team Gamma）。他們架構居住艙的起點，是先以降落傘把諸多預先設計好程序的半自動化機器降落到火星表面，而且要比載人任務提早許多抵達。這些機器共三類，分別進行挖掘、運輸和焊接的工作。挖掘隕石坑的同時，在路途中收集鬆散的土石，把可充氣式居住艙放置在挖好的地基中，鬆散的岩石和沙土則堆在四周，再以微波把砂石熔接為堅固的牆壁。完成的 3D 列印堅固住宅，占地近 100 平方公尺，可供四位太空人居住；熔接火星砂石形成永久性的屏障，阻絕輻射與極端寒冷的外界環境。設計團隊表示，這個設計結合了空間效益與人類的生心理需求，除了有重疊的私人與公共空間，內部使用柔軟材料進行裝潢，並採用虛擬環境來避免單調，創造積極正面的起居氛圍。

　　獲得第三名的團隊宣稱：「我們將以熔岩鑄造未來。」創作出「熔岩之巢」（LavaHive）的團隊，來自歐洲太空總署的德國工藝技術與奧地利「液」系統集團（LIQUIFER Systems Group），他們以模組化設計居所，技術上採用獨特的「熔岩鑄造」法，回收利用太空船材料。

　　「熔岩之巢」以一個從地球帶來的可充氣式圓頂結構為起點，屋頂使用降落器的部分結構。圓頂結構完成後，火星上的團隊將攫取岩屑（火星表面鬆散的砂石和沉積物）作為建築材料，部分材料將熔融塑形（即「熔岩」），部分燒結，在高熱下壓製成堅實的建材。再以這些建材製作更多圓頂型建築，每一個都相互連接。「我們的構想是用火星表面的岩屑作為建材。」熔岩之巢設計團隊隊長艾丹・高里（Aidan Cowley）說：「更進一步，在太空船降落時，部分材料通常會被拋棄在地表，我們要回收利用這些材料。」

　　太空人可利用熔岩鑄造及燒結的火星岩屑，在第一個圓頂型居住艙周圍，建造連通走廊及不同的居住艙。待這些新的居住艙定位好，內部用環氧樹脂

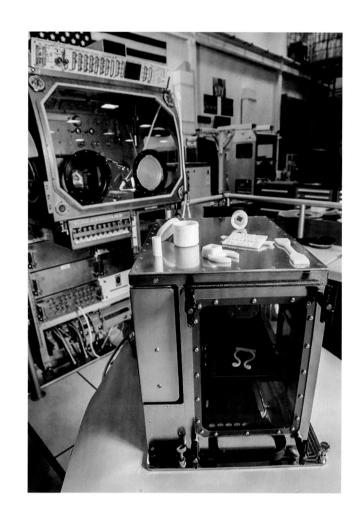

3D列印技術可能會允許火星遠征隊伍就地製造。圖為美國的Made In Space公司，在列印機上展示了幾個3D列印的樣品。後方則是微重力科學手套箱（Microgravity Science Glovebox），用來在地球上進行程序測試。這臺3D列印機現已在國際太空站上運作。

密封之後，再加上適當的配備，就可作為研究區、工場或溫室等各種用途，視不同任務的需求而定。另外還有個氣閘艙，設有太空衣穿卸埠（相當於太空衣櫥），可容四名太空人進出。維修工廠和對接口會連到探測車，搭著具有加壓艙的探測車橫越火星大地。由於採用模組式的設計，又運用在地資源作為建材，熔岩之巢基地可以隨時間逐漸擴張。

火星在地設計

火星居住艙的設計，必須兼顧實際效益和遠見。舉例來說，位於美國科羅拉多州丹佛的 MOA Architecture 建築事務所發展出來的 NEO Native，根據設計團隊的說法，是「會對環境起反應的活生生的建築，它突破我們的認知，也改變我們對自己的了解」。他們的設計採用 3D 列印技術和地表岩屑，會根據建築所在地形來決定形狀，外觀像是橫躺在大地上的摩天大樓。NEO Native 的設計者預想，未來會有更先進的 3D 列印能力，可先掃描居住處的預定地，再根據特定條件，製造適合該環境的建築構造。他們建議把 NEO Native 設置於火星的水手峽谷一帶，因為那裡的氣候條件較溫和，也具有與地球之間的通訊潛力，同時擁有數十億年的地質歷史裸露在外。他們把那裡比擬為美國西南的四州交界區（Four Corners），同時也是培布羅（Pueblo）文化的所在地。那裡「不僅提供庇護，也因為對地球和天空的觀察，以及精神性的象徵，而建立起獨特的文化認同。」同樣地，NEO Native 的建築師解釋：「當我們把火星大地的沙塵與岩石，轉換成人類在火星生活的骨幹……我們也必須記得，在觀察比自己古老許多的事物的同時，也是在窺看自己的未來。」

災難

基本需求｜居住艙和太空衣不見得能保護我們，免於太陽和宇宙輻射的傷害；提供氧氣的技術也可能失靈；火星上的水可能不適合飲用；等我們吃完了帶去的食物，種植糧食又是另一個挑戰。

可能會出什麼差錯？

有些設計者把想像力投射於更久遠的未來，思考如何在紅色星球上建立永續的生存環境，不僅提供更多人居住，甚至容許人類繁衍出更多世代。這正是「火星城市設計」（Mars City Design）競賽設下的挑戰。這個競賽是洛杉磯建築師兼電影工作者維拉·莫爾亞尼（Vera Mulyani）的發想，她不僅看好火星探勘，甚至對火星作為人類的第二個家鄉，抱有很高的期望。「號招新一代的思想家和創新者來實現這一切，是非常重要的。」她說：「我們

或許也能透過火星，療癒地球。」在火星上建立城市要面對的挑戰，包括嚴酷的大氣和氣候、宇宙射線及紫外線、低重力，以及避免過度依賴地球的永續性資源等等；從基礎設施、農業到人類健康與服務，莫爾亞尼與合作者想徵求各領域的創新設計。

這場競賽的評審，都是令人敬重的專家，這也說明了，世界各地都有人在認真思索，人類登上火星後的生活會是什麼樣子？創業家阿努什‧安薩里（Anousheh Ansari）在 2006 年，自費進行為期 8 天的國際太空站之旅，他認為現在是「歷史性的時刻」。太空科學發展中心（Center for the Advancement of Science in Space，管理國際太空站上的美國國家實驗室）總裁暨執行董事葛瑞格里‧強森（Gregory Johnson）預見，「未來某日人類拓殖火星的巨大挑戰」，將需要「過去所有太空計畫的發明與想法，加上下個世代的嶄新思考與創新」。連美國噴射推進實驗室的火星科學實驗室專案經理詹姆斯‧艾瑞克森（James Erickson），也將加入評審行列。「火星上有地球沒有的限制。」他說：「但有些地球上的限制，也是火星上沒有的。」艾瑞克森表示，時機已然成熟，現在正是發揮創意的時候。「我們知道這正是起點所在，這是從頭開始的大好機會。」

這臺附加壓艙的交通工具，本質上是一座移動式科學實驗室。它將載著火星探勘人員和各式設備，前往離基地較遠的地方，探索最初著陸點以外的區域。

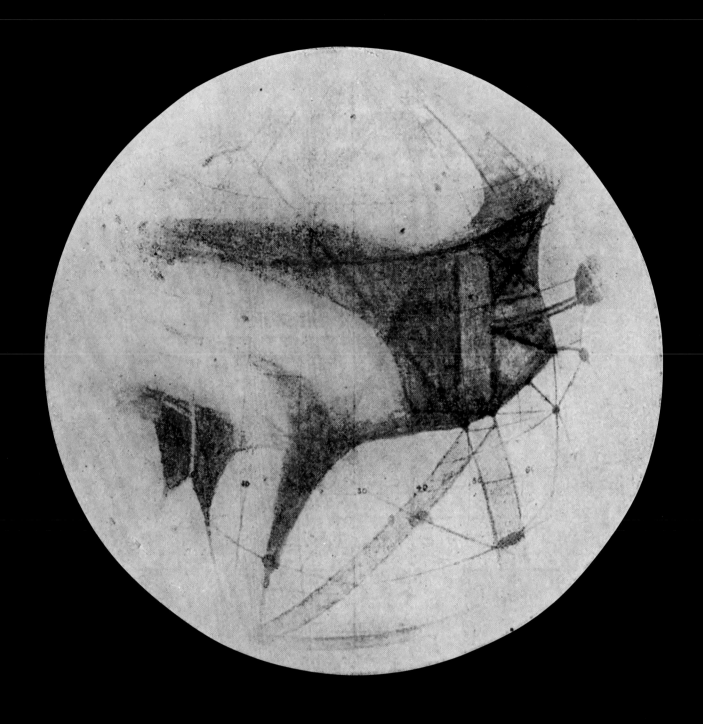

羅威爾的火星運河

美國天文學家帕西瓦爾‧羅威爾（Percival Lowell）觀察火星上的
遼闊的水手峽谷（對頁）等地形後，提出灌溉系統理論，認為它們
足以證明「火星上有遍及全球的優越建造者」，並記述於1906年
的著作《火星及其運河》（Mars and Its Canals）中。雖然他的假
說現今看來毫無根據，但他對火星表面地形變化的詳實記錄，與現
今觀察到的季節性變化相吻合。

滾啊滾

美國航太總署充分利用火星表
面的風,構思出這個「風滾
草」機器,可以迅速橫越火星
地表,同時以儀器蒐集資料。

探勘中心

圖為畫家筆下正常運作的火星基地。長程拓殖計劃的基地，必須要在每次任務後，逐漸增加基礎設施。隨著時間的經過，早期簡單的基地結構會逐漸擴展，增添新的太空艙、培養出一種生活方式、增加探勘的可能性，並增長探勘人員待在火星上的時間。

火星上
的適當
服裝

太空裝設計師在製作下一代的
地外服裝時，得滿足許多要
求。右圖的「原型探勘用太空
衣」（PXS）比早期的太空衣
更富柔軟性，有些部分還可用
3D列印技術製造。右側的Z2
專為火星設計，讓使用者可以
更靈活地採集樣本。兩組設計
都包含一套可攜式維生系統。

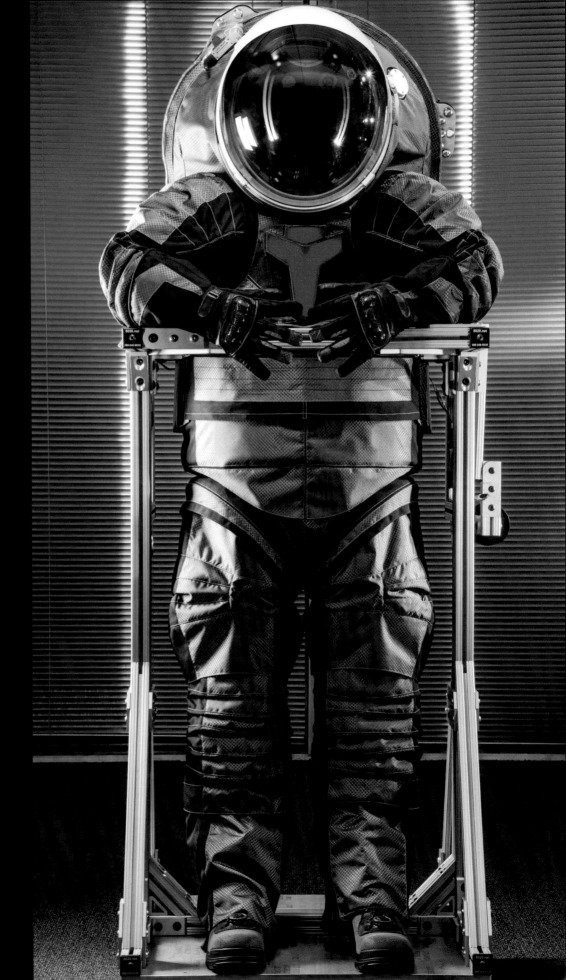

拓荒者的居所

不久前，在美國航太總署舉辦
的3D列印火星居住艙競賽
中，第二名的「伽馬團隊」提
出以在地岩屑作為基本建材，
在可充氣式居所外建造保護
殼。

英雄榜│布列特‧德瑞克（Bret Drake）

美國太空公司（The Aerospace Corporation）太空系統建築師

1980 年代起，德瑞克便開始評估人類要前往火星並平安返回，究竟需要什麼條件。美國航太總署位於德州的詹森太空中心（Johnson Space Center）裡，最重要的思想家就屬德瑞克。他所帶領的「火星建構前瞻集團」（Mars Architecture Steering Group）做了一份把人類送上火星的詳細評論：「設計參考建構 5.0」（Design Reference Architecture 5.0）。他最近離開了太空中心，加入位於休士頓的美國太空公司。

「我經歷過許多狀況，好的壞的都有。」德瑞克說：「從系統和技術的層面來說，我們都知道需要的是什麼。問題在於動手去做，開始發展那些系統，證實它們的效用，然後出發執行任務。」這份詳細評論指出了火星旅行的具體限制。「那些限制強迫你採用一套我們都很熟悉的解決方案。」德瑞克說：「然而，還是有些尚需搞清楚的地方，例如如何進入大氣、降落並著陸。」以及把人類送到紅色星球的確切技術。

德瑞克表示，這些年來，火星任務的藍圖持續在改進；其中一次改的是，首次著陸後，後續的任務都要回到火星上同一個地點，目的是不斷擴建基地。他補充，後到的人員會比第一批成員稍微輕鬆一點。「人類的火星探索需要付出大量努力，還要有許多國家參與，花上多年的時間。因此，如果只進行一次任務並不合理。」

如今，畫出一條前進火星的路線並非易事。「月球擁護者希望人類能回到月球，因為他們覺得火星太遠了。」德瑞克說：「火星擁護者卻不願去月球，他們認為這只會干擾並延遲人類前往火星的計劃。」舉例來說，歐洲有人推動月球村的想法，作為前往紅色星球的前奏。但光是月球計劃會讓火星計畫延遲多久，就很難下定論了。德瑞克補充：「在相衝的目標之間找到平衡，會是很大的挑戰。」

針對美國航太總署現今的計劃，德瑞克形容為「逐步擴張」。最關鍵的一步，是要有頂尖的發射能力，也要開始研發必要的基礎設施。另一步是把獵戶座太空船用在長時間的深太空任務上，利用近地及月軌內空間，來證明火星計劃可行。他相信，這一步步的進展，終將讓人類送出第一批組員前往火星。

「既然知道需要哪些關鍵能力，各點擊破就對了。」德瑞克說。只要取得進展，就能火星邁進一步。

「火星建構」不僅是指蓋房子，還包括運輸、通訊、研究目標和維生系統等，這些在之後數十年的行星探勘中，都會留下軌跡。

生命之必需

火星上的早期居住區將持續擴張，讓團隊能拓展探勘區域。以太陽能電池作為動力來源的自動化機械，像是加壓太空車（左），可將剛送達的必需品送到基地。

讓噴發成像

奧林帕斯山（Olympus Mons）高2萬6975公尺、寬601公里，是整個太陽系中已知最大的火山。它在畫家的筆下是如此龐大（下圖），甚至可以從遠處看到火星表面上有明顯的突起。火山口的寬度幾乎等同它的高度，暗示噴發當時及之後的崩陷規模有多龐大。

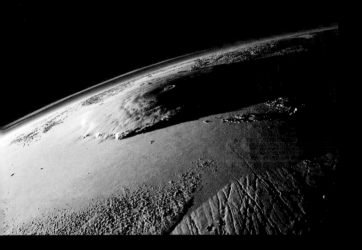

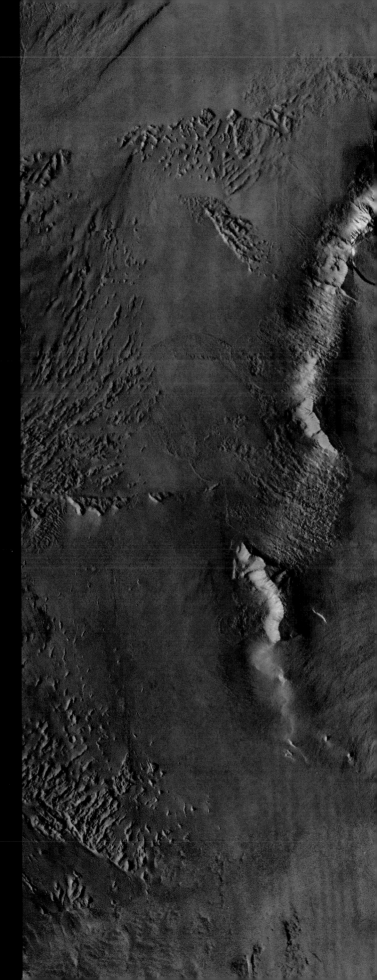

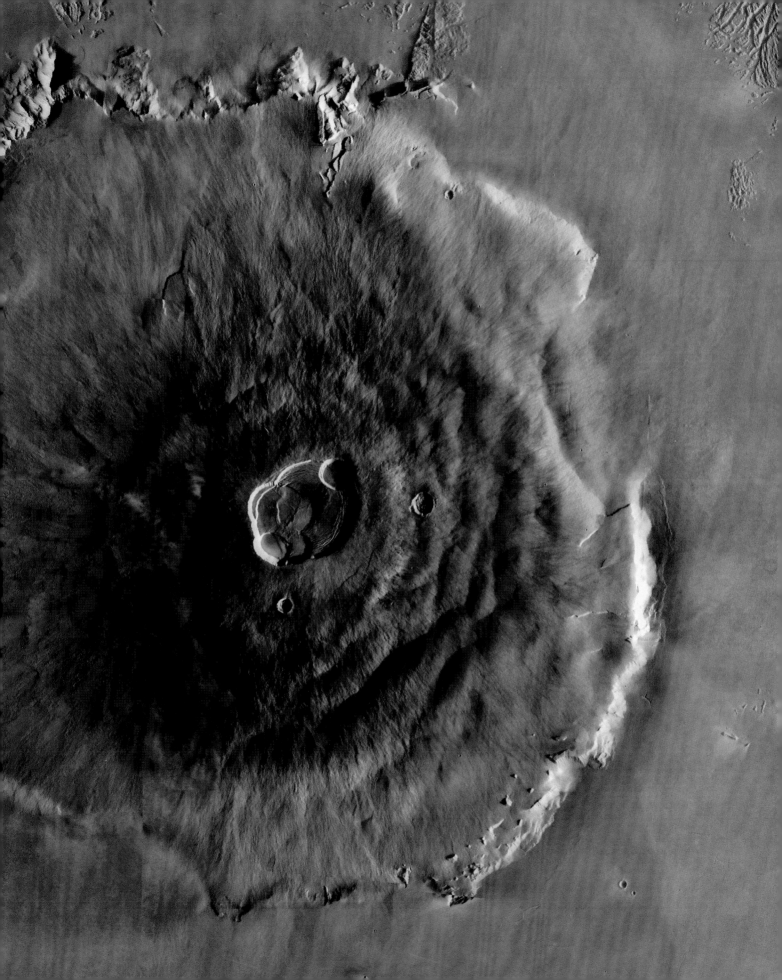

甜甜圈狀的減速裝置

這是美國航太總署正在發展中的重返技術。寬3公尺的防熱板可收納到40公分，使用時充入氮氣，漲大成蘑菇狀，就能使酬載減速降落。

英雄榜｜帕斯卡・李（Pascal Lee）

美國航太總署艾密斯研究中心（Ames Research Center）火星學院（Mars Institute）霍頓火星計畫負責人

加拿大極區的德文島是全球最大的無人島，也是霍頓隕石坑的所在地。這個隕石撞擊出來的巨大坑洞，約於 2300 萬年前形成，直徑約 20 公里。這個北極高緯地區的實驗站設於極地荒漠中，那裡偏遠、荒蕪又布滿岩石，被稱為「地球上的火星」，因為這裡的地質和氣候，是地球上能找到最接近火星的地方。

帕斯卡・李說：「這裡氣候寒冷，但還比不上火星。」李是火星學院的院長，也是霍頓火星計畫（Haughton Mars Project，簡稱 HMP，火星學院執行的跨領域計畫）的負責人。「這裡氣候乾燥，但不如火星乾燥；這裡地形光禿，雖然不是完全荒蕪，但幾乎寸草不生；還有凍結的岩石大地與冰河。」

要模擬紅色星球的條件和地景，這些特徵「再適合不過了」，這也是為什麼 HMP 的地點會選在德文島。李以行星科學家的身份帶領超過 30 場南北極遠征，透過與地球進行比較，來研究火星。他說，未來的火星探勘者造訪此地會受益不淺，這裡就像火星生活的入口，幫助人類找出更安全、有效的方法，在遙遠的火星長住安居。這個國際田野研究所從 1997 年啟用至今，是美國航太總署在地球表面資助最久的研究計畫。

HMP 的研究站由許多居住艙聚集而成，模擬未來火星前哨站可能的結構和運作模式。「已有不少太空人拜訪過這個地方，我們預期未來會有更多太空人前來，在這裡進行一部分的正式訓練。」李說：「HMP 是一項貨真價實的野外探勘計畫。」李補充：HPM 發展出許多方法，協力幫助規畫未來在火星上的科學與探勘活動，也有助於讓這些活動達到最佳化。

此外，多年來，HMP 遠征隊已測試過各種各樣的設備：新型無人探測車、太空裝、鑽孔機和空中無人機等。也測試過高機動性多用途輪型車 Mars-1，以及歐克里恩號（Okarian），HMP 分別在兩次模擬中，對太空車加壓，讓它們深入德文島上尤其荒涼的地區。另外也測試過個人用全地形載具，在營區周圍短距離使用。

HMP 將迎來第 20 個年頭，現在有來自各國的科學團隊在這裡進行田野活動。李說，隨著人類的火星計畫逐漸成形，在德文島上得到的經驗，將成為無價的資產。「我把德文島視為前往火星的太空人訓練站。」李說：「在讓人類前往火星的路途上，這裡就算不是出發前的最後一站，也是至關重要的一站。」

霍頓隕石坑位於加拿大努納武特地區的德文島上，是地球上唯一一位處極地荒漠的撞擊坑。如圖所示，國際跨領域田野研究計畫的研究者利用這裡與火星類似的條件，測試太空裝、機器設備，也進行地質採樣。

火星式的家園

關於人類在火星上長期定居的想像，一定都包括自己種植作物和生產糧食。但如果要蓋溫室，就需要氧氣和水，以及適當的陽光與溫度控制。

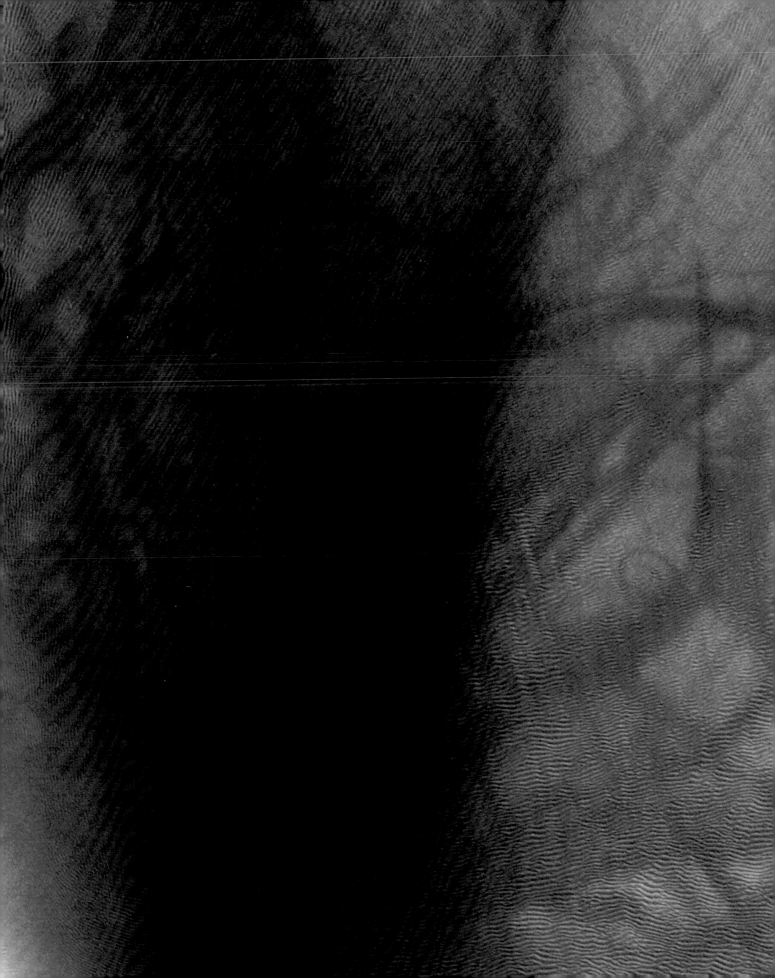

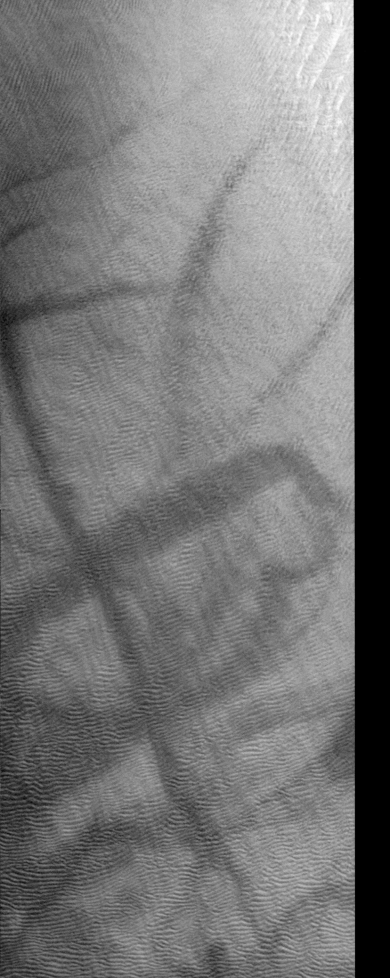

惡魔般的沙塵

火星某些區域那些錯綜交橫的深色線條，是塵捲風經過的痕跡（左圖）。這些旋風從火星表面揚起淺色沙塵，暴露下方顏色較深的岩石。2012年，在軌道上運行的高解析度成像科學實驗相機（HiRISE），捕捉到一道特別高的塵捲風影像（下圖）。根據影子計算，發現它往空中延伸約800公尺高，受到不同高度的風的影響，像蛇一般彎曲。

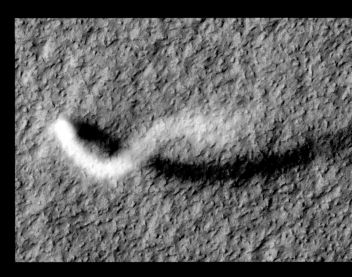

每一趟火星任務都想
解答這個問題：火星
上究竟有沒有──或
者是否曾經有過──
生命？

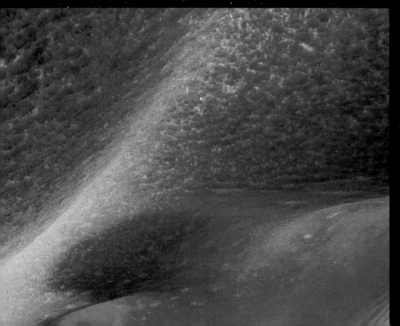

生命
跡象

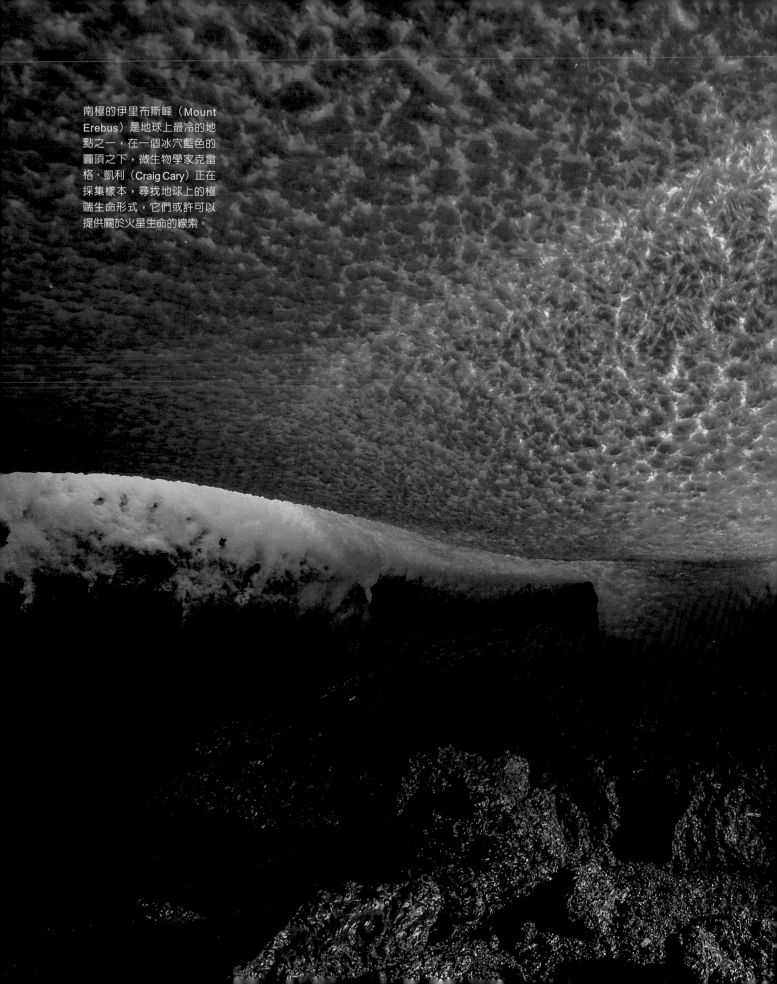

南極的伊里布斯峰（Mount Erebus）是地球上最冷的地點之一，在一個冰穴藍色的圓頂之下，微生物學家克雷格‧凱利（Craig Cary）正在採集樣本，尋找地球上的極端生命形式，它們或許可以提供關於火星生命的線索。

生命跡象

為了探測火星上是否有生命——不論是滅絕的還是現存的,美國將維京1號和維京2號送上火星表面。而今40年已過,多年的資料解讀及26場探尋生命的實驗之後,先鋒機器人似乎有了回應:「可否把問題再重複一遍?」雖然多數參與維京計畫的研究者都認為它說「並未偵測到生命」,但並不是每個人都認同這個判斷,因此他們也繼續追尋。數十年來,許多國家共同投入了數十億美元建造火星太空船,而人類對火星生命的探尋活動,至今依然活躍——不論火星上的生命是否早已逝去,或甚至從來不曾存在過。

自從維京任務首次達成無人太空船著陸以來,「火星的進一步科學探勘已經全面展開,不僅調查火星的氣候史、過去生命的可能記錄,也持續關注火星的可居住性,」美國航太總署哥達德太空飛行中心(Goddard Space Flight Center)的首席科學家詹姆斯 · 加文(James Garvin)說,他也是火星科學實驗室/好奇號火星探測科學團隊的成員。他也補充,這顆紅色星球是全世界最重要的科學邊疆之一,例如最近發現了有機分子、微量氣態甲烷的不同形式,以及引人注意的火星地質歷史,當中牽涉到沉積物系統以及水的關鍵角色。

加文說,火星探勘的下一步已蓄勢待發,接下來的任務只會更加複雜。「無人任務能為2020年代的轉型鋪路,屆時美國航太總署將開始準備把人類送上火星,而美國航太總署的火星探勘任務也會持續進行到2030年代。」

美國航太總署的下一部核子動力火星探測車預定在2020年發射,會跟好奇號一起探勘因為地質多樣化而被選中的地區,尋找火星過去的生命跡象、蒐集火星樣本,準備在最後運回地球——這項任務所費不貲而且有點爭議。雖然地球接收火星樣本的風險被認為是很低的,但終究不是零。把火星樣本運回地球,很可能表示它們會成為生物學上的搶手之物,更別提那些慷慨

什麼樣的生物可以承受火星的嚴酷條件?德國航空太空中心(German Aerospace Center)的科學家測試地球上原始的生命形式藍綠菌,讓它承受輻射、低壓、極端溫度和其他壓力,結果它存活了下來。

從第一批人類登上火星以來，已經過了四年。儘管困難重重，人類基地還是建立起來了。這是人類定居火星的第一個前哨站，雖然簡單卻很穩定。接下來的計畫是要穩定擴張，因此有一群出類拔萃的科學家被送到火星，以確保所有工作都如期完成。但擴張的時間表比預期的緊湊，而且有一場火星沙塵暴正在接近脆弱的基地，工作進度很可能因此落後。

陳詞和大眾的憂慮了——害怕會有來自火星的恐怖爬蟲，一點一滴地蠶食地球的生物圈，就像麥克‧克萊頓（Michael Crichton）的驚悚小說《天外來菌》（*Andromeda Strain*）裡描述的那種災難。

　　人類探險家甚至必須小心他們從外面帶了什麼進入他們的火星居住艙。以阿波羅登月者遇上的狀況為例：在月球上走來走去然後又爬回登月小艇時，阿波羅號成員發現，他們把月球上的沙塵微粒帶進了住處。脫下頭盔後，有的人形容聞到的氣味像是壁爐裡溼掉的柴灰。「我只能說，每個人第一個想到的都是用過的火藥味，」阿波羅 17 號太空人哈里遜‧舒密特（Harrison "Jack" Schmitt）回憶，他在 1972 年 12 月進行了月球漫步。對 21 世紀的太空人來說，會踩到火星物質、聞到火星物質的味道，都是設計居住艙和建立生活習慣時必須考慮的因素。

過氯酸鹽的問題

　　紅色星球對未來探勘者設下的另一個挑戰是過氯酸鹽，這是火星上普遍存在的有毒物質。這層化學物質雖然提高了火星上有微生物存在的機會，卻也會危害探險人員的健康。這種鹽類會干擾內分泌，是很強的甲狀腺毒物。

過氯酸鹽是容易起反應的化學物質，最早於 2008 年由美國航太總署的鳳凰號在火星北極的土壤中偵測到。好奇號探測車 2012 年 8 月在蓋爾隕石坑（Gale Crater）著陸後，也曾在這個區域偵測到過氯酸鹽。位於土桑（Tucson）的亞利桑那大學的鳳凰號主調查員彼得 • 史密斯（Peter Smith）說，過氯酸鈣是個出乎意料的發現。「過氯酸鹽（perchlorate）在英文裡並不是常用字。我們這些不是化學出身的人都得去查字典，」他坦承。

史密斯說，地球上的微生物以過氯酸鹽作為能量來源。它們靠高度氧化的氯維生，把氯降解成氯化物，攝取這個過程中產生的能量。事實上，當飲用水中的過氯酸鹽太多時，就是用微生物來去除的。此外，在火星上觀察到的季節性水流，可能就是過氯酸鹽的高濃度鹽水造成的。過氯酸鹽特別容易和水結合，還可大幅降低水的凝固點。

火星上發現過氯酸鹽有兩種意義。一方面，過氯酸鹽對人類有毒。火星漫步者很難避免火星沙塵黏附在地面裝備上，所以過氯酸鹽很可能會被帶進居住艙。而火星上含有過氯酸鹽的塵捲風也絕對是非常危險的。

另一方面，過氯酸鹽是煙火工業的重要化學成分，而過氯酸銨更是固體火箭燃料的成分之一。所以如果可以開採過氯酸鹽，也許就能成為火星在地的燃料來源，不僅可用來在火星上移動，甚至可以從火星啟程到別的地方。有些研究者建議用生物化學方法提取火星塵土中的過氯酸鹽，一方面取得氧氣供人類使用，一方面獲得節能又環保的燃料。

現在的普遍共識是：火星上的過氯酸鹽確實值得擔憂，但它並非無法克服的障礙。「目前的看法是，整個火星上八成都有過氯酸鹽／氯酸鹽，」道格 • 阿契（Doug Archer）說，他是美國航太總署詹森太空中心（Johnson Space Center）天文材料研究與探勘科學委員會（Astromaterials Research and Exploration Science Directorate）的科學家。很可能過氯酸鹽在火星某些區域的含量比較低，某些區域則比較高。事實上，過氯酸鹽在製藥領域用來治療甲狀腺機能亢進症已經行之有年。「所以過氯酸鹽對人體有何影響，我們已經了解了不少。只要同時補充碘，低劑量的過氯酸鹽似乎就不會造成什麼有害的影響。」

阿契相信，分布於火星全球的這層過氯酸鹽其實可能有助於人類探勘。過氯酸鹽是很高效的乾燥劑（也就是對水有很高的親和力），而要讓它釋出水，技術上是可行的。再者，對過氯酸鹽施以高溫，可以讓它分解並釋放出氧，正好符合火星工作人員的需要。

不過整體而言，過氯酸鹽不管對尋找火星生命還是把生命送到火星上來說，都是個會讓狀況更複雜的因子。

從微生物的觀點來看

要找到火星生命絕非易事，約翰‧隆梅爾（John Rummel）解釋，他是「尋找外星智慧」（Search for Extraterrestrial Intelligence，簡稱 SETI）的資深科學家與前美國航太總署行星保護官。但隔離地球與火星生物也是一項龐大的任務。「我們目前估計，一艘『目的不在』尋找生命跡象的無人太空船前往火星時，會有多達 3 億個活的地球微生物被一起帶過去……而若是『想要』尋找火星生命的太空船，則可能會有 3 萬個。」隆梅爾強調。他說其中許多微生物會在飛往火星的旅途中死去，而抵達後的頭一兩天，可能 99% 的微生物都會被火星上強烈的紫外線殺死。

但還是會有一些存活下來——這還是無人任務的情況。「相對之下，一個人類探險家身上攜帶的微生物大約有 30 兆個——它們全都會活著抵達火星，而且還大搖大擺的。這麼龐大的旅客名單，會使火星上可能存在的微生物搜尋任務變得更複雜，」隆梅爾解釋。

科學家正在規畫預防性步驟，避免人類破壞火星上的任何生命。人類一旦踏上火星，是否就會把地球上的生命引到這顆紅色星球上一些可能會讓它們繁盛起來的地點，甚至汙染我們想要在火星上尋找的生命跡象？另一方面，如果真的找到了火星土生土長的微生物，我們這些穿著太空裝的背包客是否會面臨危險？

「我認為火星是否曾有生命誕生，又或許已成歷史的問題，仍然是火星研究最主要的推動力。」威廉‧哈特曼（William Hartmann）說。他是位於美國土桑的行星科學研究所（Planetary Science Institute）的資深科學家和火星研究者，也是美國水手 9 號（U.S. Mariner 9）火星探測軌道載具的調查員——在 1972 年首次為紅色星球進行地圖測繪工作的，正是水手 9 號。哈特曼認為，想解答「宇宙中是否沒有其他生命形式」這個問題，尋找火星生命是下一步。哈特曼認為關鍵在於水，特別是水的歷史以及數百萬年來它在火星氣候上所扮演的角色。「這很困難，因為火星表面受到紫外線滅菌，而且大部分地方都非常乾燥，」哈特曼解釋。「所以我們如果要了解火星上水和冰的歷史、現在的角色與存在，就必須往地下探尋。絕對有巨量的地下冰層存在，這點我們從維京

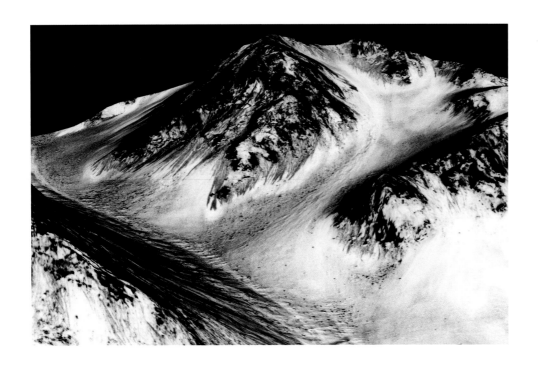

火星軌道載具上的相機在火星的海爾坑發現了深色的線條（季節性斜坡紋線，簡稱RSL），暗示目前正有季節性的水流。軌道載具上的質譜儀偵測到水合鹽類：有液態鹽水往坑內流去，範圍有一個足球場那麼長。

任務的時代就知道了。」一個核心問題或許是，火星地下是否一直都有能讓微生物存活的相連含水層，讓微生物在火星演變的過程中可以從某塊地熱區移動到另一塊地熱區。

探索地下區域

愈是觀察火星，就有愈多專家認為他們找到了水存在的證據。「火星上最難以了解、我們也了解得最少的某些特徵，是出現在探測車或登陸載具因為地形和表面地質而無法抵達的區域。」美國威廉與瑪麗學院（College of William and Mary）的喬爾‧列文（Joel Levine）說。他指出，難以抵達的地方包括地殼磁力強大的地區、產生和釋放大氣甲烷的地區，以及可能有過短暫流水的幾個隕石坑的坑壁。

火星上有流水的證據，是由美國喬治亞理工學院（Georgia Institute of Technology）的盧金德拉‧歐華（Lujendra Ojha）所帶領的研究團隊發現的。一群專家利用火星勘測軌道載具（Mars Reconnaissance Orbiter）上的儀器，包括高解析度科學實驗相機和小型偵查成像光譜儀，詳細研究一種稱為「季節性斜坡紋線」（recurring slope lineae，簡稱RSL）的現象。

「想像四個太空人在火衛一上觀賞日出，或者從高空俯視火星的驚人景觀。在這場人類史上最大膽的冒險中，全世界的人精神上都和他們一同探索。」

——比爾‧奈（Bill Nye），行星學會執行長

在溫暖的季節，當溫度高於攝氏零下 20 度時，RSL 就會出現，並沿著陡坡往下蜿蜒而去。在火星較冷的季節，它們又會消失。火星勘測軌道載具擁有技術，可以辨識有奇怪的 RSL 出現的斜坡上的礦物。研究者在直徑特別大的 RSL 裡面發現了明顯的礦物特徵。

決定性的發現，是在這些斜坡條紋消失時，研究者觀察同一位置，結果發現水合特徵也消失了。

歐華說，有東西讓這些鹽類發生水合作用。還有，這些線條似乎隨著季節變化反復出現和消失。「這表示火星上的水是鹽水而不是純水。這很合理，因為鹽能讓水的凝固點下降。就算季節性斜坡紋線有部分在地面下，而地下的溫度又比地表更低，鹽還是會讓水保持液態，可以沿著火星的斜坡往下流動，」他提出。

研究者現在認為，這些礦物特徵來自過氯酸鹽，而這些有過氯酸鹽出現的地方又和較早的火星登陸載具探索的位置完全不同。這是第一次透過軌道衛星偵測到過氯酸鹽——同時也是第一次觀察到某種現象，明顯支持這樣的假說：火星上有液態水存在，形成了 RSL 獨特的小河紋路。

有水之處……

解決火星表面是否有液態水的問題，不僅有助於了解火星上的水循環，也是尋找火星上現存生命的關鍵。歐華和他的同事提出謹慎的建議，認為火星表面附近雖然有短暫的潮溼環境，但過氯酸鹽溶液中的水可能太少，難以支持任何已知的生命形式——至少是我們在地球上所知的生命形式。

喬治亞理工學院的行星科學家詹姆斯・瑞伊（James Wray）十分希望有火星任務前去近距離研究這些吸引人的特徵。「我個人認為，在季節性斜坡紋線附近著陸……然後不碰觸，只拍照，就可以讓我們學到很多關於 RSL 的事，」他說。

瑞伊補充，這會是觀察 RSL 活動的最佳方法，因為從火星軌道載具上無法觀察某一條 RSL 每小時、每一天的變化。「但在地面上就很容易辦到，就算是不會移動的登陸載具也行，」他指出。很快地，科學家對 RSL 化學組成與有機成分的好奇心就會演變成需要透過「接觸性科學」來解答的問題，這時可能就要動用殺過菌的探測器。

科羅拉多州波爾德的西南研究所（Southwest Research Institute）的大衛・

史迪爾曼（David Stillman）也認為，在季節性斜坡紋線內尋找火星生命應該是最優先的事項。但他也指出，RSL 的鹽分可能太高，任何已知的生命形式都無法在那裡呼吸。這個因素可以把交叉汙染的影響降到最低，減少行星保護上的顧慮。但火星生命會不會已經演化出在這種環境裡生存的方法了？又或者，在 RSL 來源的地下深處，會不會有生命存在？

在其他研究裡，史迪爾曼和同樣來自西南研究所的羅伯特・格林（Robert Grimm）分析了火星巨大的水手峽谷系統裡面的一條 RSL 的季節性水收支。他們的研究暗示，有一片含水層為這個地點補充水分。

事實上，團隊估計，這個區域釋放的總水量相當於 8 到 17 座奧運游泳池的水量。史迪爾曼認為，每年都要補充這麼大量的水，只可能是透過含水層。他們指出，有一些地層裂縫延伸到一片區域性的高壓含水層，浮上火星表面的鹽水有可能就是從這裡來的。此外，水手峽谷中出現 RSL 的地點很多──約有 50 處，而從這些地方消失的水，很可能是大半個年頭裡大氣水蒸氣的重要區域性來源。或許在這些地點，在距離表層只有十幾公分的範圍內，就是一層帶有鹽分的風化層。

火星的季節性斜坡紋線依舊是十分迷人的特徵，而這些地方也很有可能是尋找火星生命的最佳場所。「我們發現了愈來愈多的 RSL，目前共有 263 個，分布在更廣大的地理區域內⋯⋯但我們還是很難解釋這個現象，」史迪爾曼總結。

回到地球

一個幾乎沒有水、受到強烈紫外線侵襲的險惡環境：是火星嗎？不，是智利的亞他加馬沙漠（Atacama Desert）。在這個嚴酷的地方，已發現有微生物群落生存在地下或岩石中。也是在這裡，科學家正辛勤研究「嗜極端生物」──也就是在極端環境下欣欣向榮的生物，包括高海拔、寒冷、黑暗、乾燥、高溫、礦化環境、高壓、輻射、真空⋯⋯等。換句話說，這類生物可以告訴我們許多關於火星生命形式的可能性。

最近，來自美國、智利、西班牙和法國的超過 20 位科學家完成了一個月的「亞他加馬探測車天文生物學鑽探研究」（Atacama Rover Astrobiology Drilling Studies，簡稱 ARADS）。這項計畫的其中一部分由美國航太總署的埃姆斯研究中心（Ames Research Center）主導，採集亞他加馬含鹽棲地中的極端微生物，帶回實驗室研究。這些獨特又頑強的微生物應該有助於改善我們在火星上偵測

火星上兩個不同區域的岩層顯示出不同的環境。左圖的岩石叫「沃普梅」（Wopmay），位於耐力隕石坑，由機會號探測車研究，顯示當地環境在久遠的過去曾有酸度和鹽度都很高的水，不適於生命生存。反之，右圖的岩石叫「希普貝德」（Sheepbed），位於黃刀灣（Yellowknife Bay），由好奇號探測，呈現出細緻的沉積物，在很久以前一個適合居住的環境中曾經位於水底。

生命的技術和策略。接下來的四年裡，ARADS 計畫會回到亞他加馬，結合探測車、鑽探和生命偵測技術，了解在火星上尋找生命證據的可行性。

在人類真正踏上紅色星球之前，ARADS 可以協助我們提升專業技術，辨認出火星上較有可能出現生命的地點（不論是現存還是過去的），然後取出鑽頭，透過機器人進行操作。

水的價值

擁有大量的水確實提高了火星上生命欣欣向榮的可能性，但火星上有水，也是人類到火星上久居的動力之一。這兩個概念究竟是相容還是相斥呢？

某些假說認為，火星和地球上的生命形式在非常久遠以前是表親。這種觀點就是「胚種論」，認為火星的微生物跟著隕石來到地球，為地球生命播下種子，是行星形成的劇烈過程造成的結果。若真如此，我們基本上都是火星人。不管這種說法是對是錯（或者對錯參半），人類確實可能因為前往火星而完成生物學上的返鄉之旅。

不過，就算兩地的生物在幾億年前是一樣的，火星和地球的生命形式現在應該都已經很不一樣了。許多人認為，這點必須維持下去。「地球上的生命需要水才能生長，而火星上的生命很可能也是如此……如果火星生命真的存在的話，」美國航太總署現任行星保護官凱瑟琳・康利（Catharine Conley）說。「這

表示我們要取用任何火星水源前，先了解水中有多大機會存在著火星生命，是非常重要的。這最主要是為了保護太空人的健康。我們不知道火星生命是否對我們有害，所以還是謹慎為上。」她接著說，我們確實知道的是：地球生命如果被帶上火星，可能會干擾人類將來在火星上的利益。

「我們露營時通常會先把水煮開，因為地球上的水源通常不宜生飲，因為裡面帶有微生物。如果火星的含水層受到汙染，我們就必須用額外的能量和設備來改善。這樣就會增加人類活動的成本和風險，」康利說。「幸好我們知道如何消滅地球上的微生物，所以解決辦法頗為簡單。只要是可能讓地球生命存活的有水地點，硬體設備要接觸前，一定要先消毒殺菌。」

「打從太空探索之初，我們保護火星的方針便是如此：一開始就要小心地尋找火星生命，然後再根據蒐集到的最佳科學資訊，決定下一步要怎麼做，」康利說。回顧維京任務時代，她指出兩艘登陸載具在發射前都先經過仔細的清潔與消毒，以避免我們在更了解火星環境之前就把地球生命帶過去。

「同時，維京計畫的工作團隊都了解，想在火星上找到生命一點也不難……只要自己帶過去就行啦！困難的是要找到火星的生命，」康利說，而不是找到從地球帶過去的微生物。「維京號的資料顯示火星應該是個又冷又乾又沒生命的地方，在那之後，我們就稍微降低了前往火星的要求，容許一艘太空船載著50萬個抗熱微生物降落火星。」

災難

具威脅性的生命形式 | 火星上可能存在著一些處於休眠狀態的未知微生物。若因為人類帶來的水或高溫而甦醒，它們就有可能侵入人體。就算不會威脅到人類的健康，它們也可能使維生裝置發生故障。

可能會出什麼差錯？

不過到了更近期，自從火星軌道載具觀察到可能的水流後，大家對於地球微生物汙染火星的可能性又變得比較謹慎了。國際間公認的特殊區域保護概念開始實行，前往那些地方的太空船必須以維京任務的標準進行消毒。「40年前維京號的標準，是我們今天保護火星所有地區的最高標準，」康利解釋。維京號太空船是以高溫滅菌，不過康利指出也有其他已經成熟的方法，例如使用過氧化氫蒸氣、氣體電漿，以及各種不同的輻射。

「像抗菌塗層之類的新方法也會有幫助，」她補充。「這是科技發展的重要領域。如果有人想出什麼好方法，也可以用來改善地球上還無法取得乾淨水源的人的生活。」

綠色發展

要長期維持火星探勘隊員的健康與福祉，就一定要種植作物、回收居住艙內的空氣和水，並提供新鮮食物。史考特‧史密斯（Scott Smith）是美國航太總署的資深營養師與營養生物化學主管，他主導的一項研究指出，想找到一種方法，可以在火星上栽培出足以養活工作人員的作物，而不只是作為地球餐點的補充食品，「還有一段長遠的路要走」。

太空人已經在太空中收割食物了。國際太空站的工作人員最近就種出了一種紅蘿蔓萵苣，他們使用一種可部署的植物生長系統，提供光和營養，但仰賴太空站的環境來控制溫度和二氧化碳。

雷‧惠勒（Ray Wheeler）在甘迺迪太空中心的探勘研究與科技計畫中主導進階維生系統的研究活動。他說太空沙拉的栽培技術一旦成熟，接下來就是馬鈴薯、小麥和大豆——這些作物加上綠色蔬菜，就可以提供較為均衡的膳食。

雖然最近在火星上發現了水，但這不表示種植食物就會變得比較簡單，羅伯‧米勒（Rob Mueller）說，他是甘迺迪太空中心同一計畫的資深技術人員。取自 RSL 的水會是鹽水，必須經過處理，去除過氯酸鹽和其他雜質。紅色星球上的陽光只有地球上的 43%，有些地區的陽光根本不夠讓作物生長。所有的溫室都必須能夠保護裡面的植物不受強烈輻射和極端的溫度變化傷害。

基於這些挑戰，雷‧惠勒提出一個未來的情境：我們或許可以運送水、幫浦和肥料鹽到火星，在保護完善的環境中種植水耕作物。他建議利用高強度 LED 燈「協助催促植物生長」。長遠來說，擴大耕種系統時，也許可以處理並利用火星土壤。

荷蘭瓦赫寧恩大學與研究中心（Wageningen UR）的植物生態學家維格爾‧汪姆林克（Wieger Wamelink）相信，火星土壤可以用來種植作物，供人類訪客食用。在最近的一項先導實驗中，他以夏威夷火山土壤為原料，模擬火星土壤，栽培 14 種不同的植物。讓汪姆林克驚訝的是，這些植物長得很好，有的甚至開出花來。「我預期發芽過程可以成功，但以為植物會因缺乏養分而死，」他說。土壤分析顯示，火星土壤的養分比預期的多：不只有磷和氧化鐵，還有氮——植物的一種重要養分。

火星上的人類生活水平會隨著時間演進。火星是個充滿驚奇的世界。而我們現在知道的是，終有一天，「火星上的生命」將會包括人類以及人類栽培出來的作物。

水晶洞

這個驚人的洞穴2000年才被發現，位於墨西哥契瓦瓦沙漠（Chihuahua Desert）的奈卡山（Naica）地下深處。這裡住有極端形式的病毒和細菌，雖然是地球上的生命形式，卻能提示我們在火星上可能發現什麼樣的生物。這些柱狀物是透石膏（selenite），為石膏的一種結晶形式，晶體內的溼度有百分之90，溫度可高達攝氏50度。

冰芯之中

研究者鑽鑿南極伊里布斯峰的
一座冰塔，希望從冰芯中找到
古生菌或其他微生物。這些過
去居住在火山深處、後來冰封
於冰塔中的生命形式，或許能
為我們將來可能在火星找到的
生命形式提供線索。

英雄榜｜潘妮洛普・波士頓

（Penelope Boston）

美國航太總署天文生物研究所所長

天文生物學家與洞窟學家潘妮・波士頓認為，要提高在火星上找到生命的機會，可以先往下找，也就是鑽進地下洞穴深處。基於火星表面的環境，想在上面找到生命跡象顯得機會渺茫：那裡極端寒冷，大氣稀薄，紅色的地表具有高度腐蝕性和氧化力，而且受到星系宇宙射線和太陽風暴的毒害。全都是不利條件。

別灰心，波士頓說。這位優秀的地質學家熱愛探索洞穴。「如果我們只想在火星表面逛逛，就不可能找到生命，」她說。「條件太嚴酷了……而且已經嚴酷了太久。微生物絕對無法生存。」波士頓說，如果往火星的天然洞穴裡尋找，那麼可能性還是存在的——那些地方有可能保存火星較早期，甚至是較近期的氣候和生物記錄。「地下是保存記錄的好地方。」她說：「我們可以合理預期：地下物質受到的風化作用，比現在大家那麼在意的地面物質要少得多。」

可以飛簷走壁的攀爬機器人已經在設計測試階段。也有人認為，火星上的熔岩管或許可以成為天然住宅，非常適合改造成給人類使用的空間。「我非常贊成人類去探索火星，」這位天文生物學家解釋。「行星保護的問題是有辦法處理的，例如分區的概念。我們探索洞穴時會有犧牲區。那是人類活動的地方，但我們會以不同的規約來限制並控制汙染程度。」

我們現在已經準備好了嗎？「還沒，我們必須先研發方法，然後在地球上進行更嚴格的測試，」波士頓說。她認為人類在火星上久居是可行的。「我確實認為，在不只一個星球上生活是人類的命運。如果我們不著手進行，就只能是分布在單一行星的物種，等到發生某件可怕的事，我們就完蛋了。」長遠來說，改造火星的工作——也就是把火星的地表與大氣調整成可以支持人類生命的狀態——「必須由生活在火星上的人來進行，」波士頓預測。「你不可能在地球上想出辦法，再把一套套火星改造工具組送到火星。那應該是去到火星並選擇住下的人類自然發展出來的東西。道德上和政治上來說，是否要改造火星，應該由涉入最深的人來決定——也就是那些長居火星的人。」

在墨西哥的「光明洞穴」（Cueva de Villa Luz），洞窟專家潘妮洛普・波士頓採集洞壁上的一團軟泥，這是被暱稱為「鼻涕菌」（snot-tite）的微生物菌落，利用對人類及多數地球生命而言有毒的硫化氫繁衍。

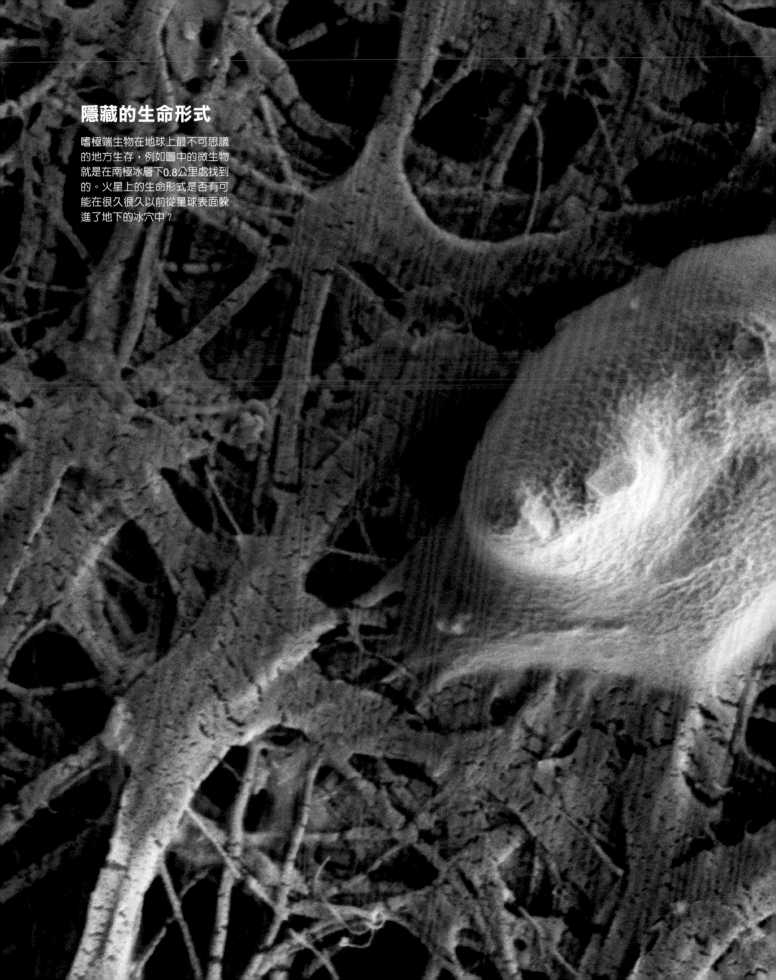

隱藏的生命形式

嗜極端生物在地球上最不可思議
的地方生存，例如圖中的微生物
就是在南極冰層下0.8公里處找到
的。火星上的生命形式是否有可
能在很久很久以前從星球表面躲
進了地下的冰穴中？

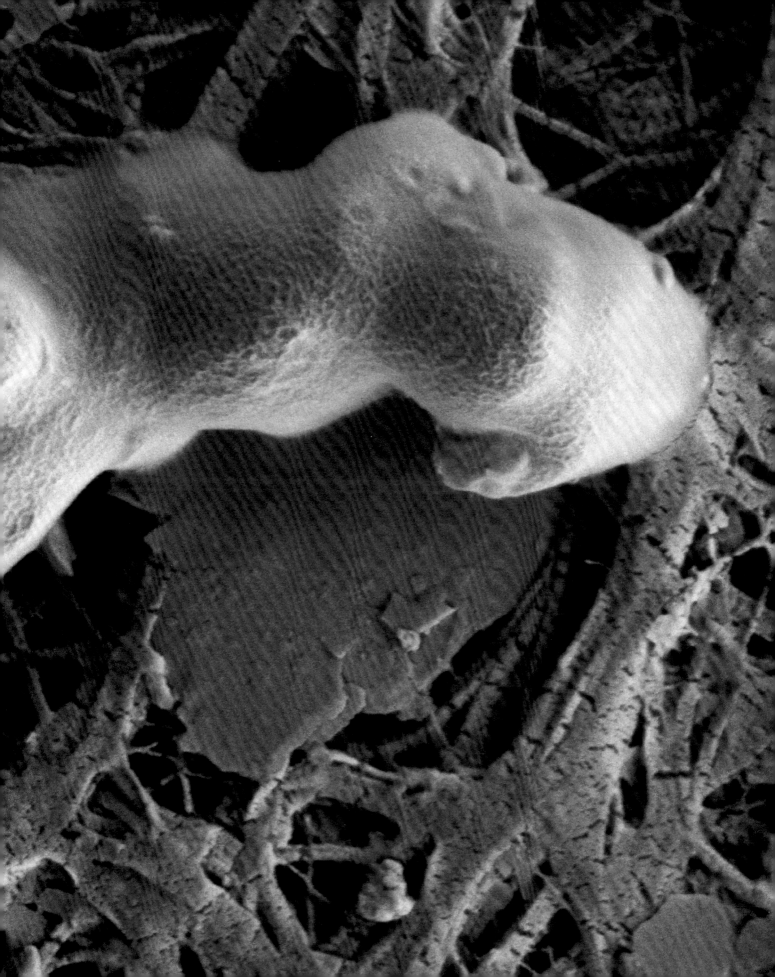

徹底清潔

斯基亞帕雷利號（Schiaparelli）是歐洲太空總署Exo-Mars任務的登陸載具，在2016年3月發射前進行最後的清潔工作。所有前往火星的載具都必須遵守嚴格的行星保護規約，包括在發射前先採樣檢查。

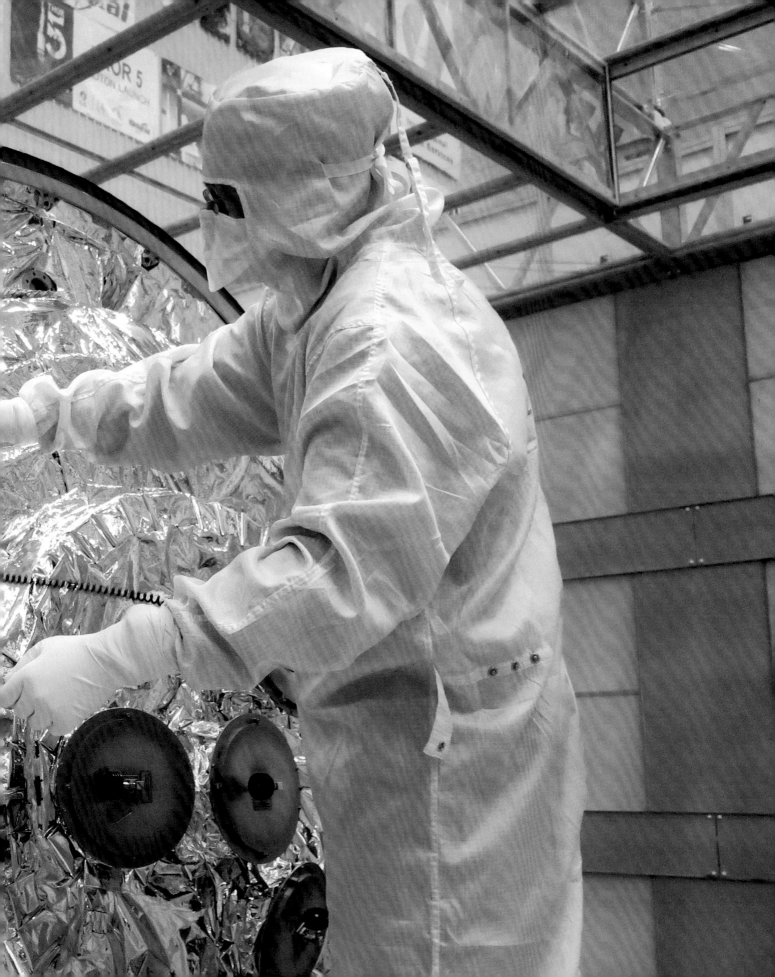

極端環境中的生命

也許可以在火星上找到地衣——
這是一種強韌的生命形式，是真
菌和藻類或藍綠菌共生的結果。
圖中這種硫磺色的地衣在極地的
極端環境中活得很好，而且通過
了一場模擬火星的試驗。美國黃
石國家公園著名的大稜鏡溫泉
（Grand Prismatic Spring，右
頁）中的嗜熱生物——喜愛高溫
環境的微生物——或許也能提供
關於火星生命形式的線索。

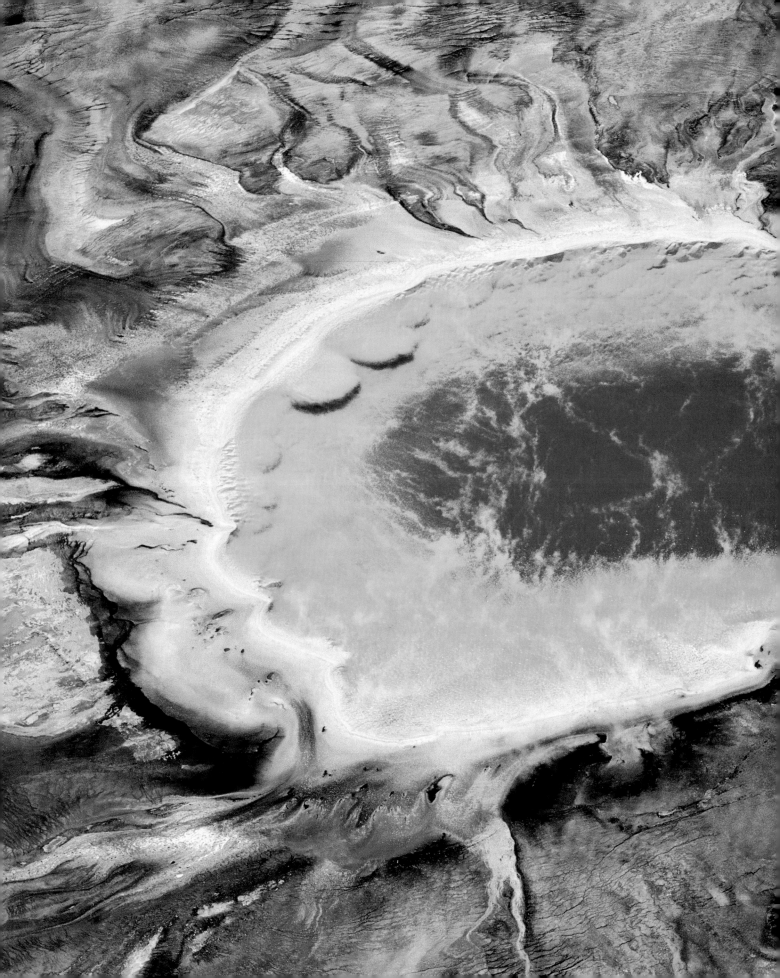

拓展生命的定義

木蛙（wood frog，學名Lithobates sylvaticus，左）可以反復
進入凍結狀態，體內器官完全停止運作。緩步動物門的水熊蟲
（下）是一種有八隻腳的微小動物，具有隱生性
（cryptobiosis）：也就是說，面對極端的熱、冷、氣壓或輻射
時，可以變乾或凍結而不死。我們對這類地球生物的了解，有
助於建立關於火星生命形式的知識。

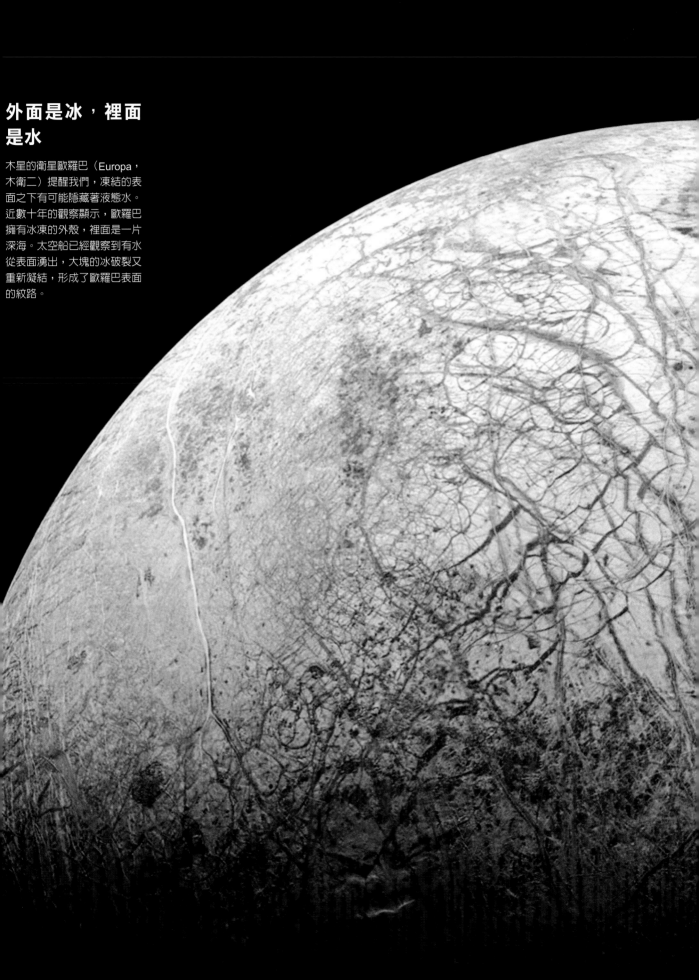

外面是冰，裡面是水

木星的衛星歐羅巴（Europa，木衛二）提醒我們，凍結的表面之下有可能隱藏著液態水。近數十年的觀察顯示，歐羅巴擁有冰凍的外殼，裡面是一片深海。太空船已經觀察到有水從表面湧出，大塊的冰破裂又重新凝結，形成了歐羅巴表面的紋路。

練習自給自足

為了火星一號（Mars One）計畫，研究者用模擬的火星土壤成功種出了番茄（下）。同時，在類似的限制之下，住在美國猶他州火星沙漠研究站（Mars Desert Research Station）的人員也種出了火焰菜（右）。這些菜園樣本都受到密切監控，以了解植物需要多少光、水和泥土養分，才能在火星的居住艙內蓬勃生長。

保護太陽系

英雄榜｜凱瑟琳・康利
（Catharine Conley）

美國航太總署行星保護辦公室行星保護官

美國航太總署的行星保護官有多難當？「有點像是警官，」康利回答，「或是幼兒園老師。」

她說，多數人都樂意遵從國際共識訂下的規則，因為大家了解這些規則是有道理的，能夠保護每個人的未來。「然而，總會有少數人不願意遵守規則，不管理由是什麼。就像大學宿舍裡總會有人把整瓶牛奶拿起來直接用嘴巴喝。」

以負責任的方式探索太陽系，意味著要保護探勘的環境、相關科學，以及地球本身。行星保護辦公室的信條是：「任何行星、任何時刻都不例外」。這是個艱鉅的任務，工作目標多不勝數，包括維持我們研究自然狀態下其他世界的能力；防止我們探勘的環境遭到生物汙染，以免妨礙我們了解地外生命的能力（如果地外生命真的存在）；確保謹慎的預防性措施，萬一地外生物真的存在時，才能保護好地球的生物圈。終極目標則是支持對太陽系生物起源和化學演化的科學研究。「我們從地球上的入侵物種學到：生命一旦被引進，就很難再除掉，」康利說。如果有人不遵守規則，就會造成很大的困擾，因為某一個人或某一項計畫的行動一不小心就會給所有人帶來麻煩，她補充。

康利的工作牽涉到任務發展的許多面向，例如協助建造無菌（或低生物負擔）的太空船。她也參與設計飛行路線，要保護相關的星球。此外，她也要保護地球不受外星採集回來的樣本影響。

火星探勘必須採取階段性的作法。「從一開始就要謹慎，」康利警告。「之後再根據新學到的知識來修改先前訂下的限制。」火星對人類而言有許多利益，而了解潛在危險可以支持所有這些利益。從地球帶到火星的汙染愈多，尋找火星生命就越愈困難。康利指出，如果火星有了來自地球的入侵物種，未來人類要在紅色星球殖民就有可能變得更艱難。「如果你想去某個地方尋找生命，就別在有機會找到生命前汙染了那個地方或樣本！」

康利指出，行星保護官在 2003 年被《科學大眾》（*Popular Science*）雜誌票選為「最爛科學工作」第 17 名。但總有人得做這個工作。「不過，如果帶回地球的樣本出了什麼問題，全世界都會責怪行星保護官，」康利說。

在美國丹佛的洛克希德馬丁太空系統（Lockheed Martin Space System）公司，一名技術人員正在檢查火星探測器「洞察號」的重要零件，這個探測器會研究火星的深層地質。每艘太空船的清潔與安全都經過很多道手續把關。

瓶中火星

為了根據地球生命形式預測火星上可能找到的生命，德國航空太空中心的科學家設計了一個模擬火星極端環境的空間：紫外線輻射、紅外線輻射、土壤組成、低大氣壓、火星大氣組成，以及從低於零下45度到攝氏20度的溫度。

歐洲登陸

歐洲太空總署的ExoMars
2020任務會把這部探測車送
上火星，所選擇的降落地點將
會是有較高機會找到保存完好
的有機物質之處，這些有機物
質可能有助我們了解火星的遠
古歷史。

鑽探生命

尋找火星生命的程序就是反覆鑽探取樣，分析這顆星球的
化學組成。機會號的儀器研磨岩石，找到了紅褐色的赤鐵
礦（下左），好奇號的鑽頭則挖出了藍灰色的物質，很可
能是磁鐵礦（下右），後者容許生命存在的機會比較高。
好奇號的設備包括一個化學實驗室，可以對鑽探取得的樣
本（右）進行深入分析。

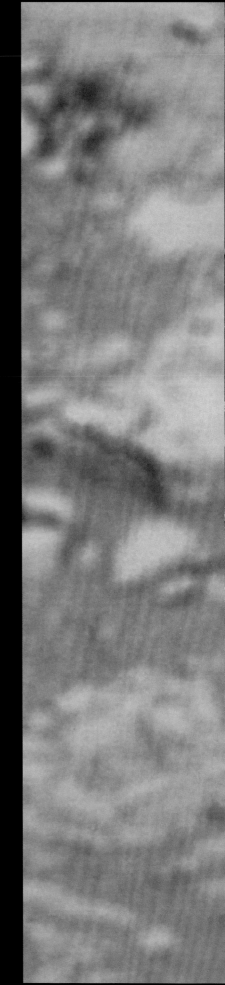

火星地下

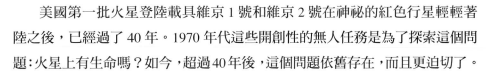

英雄榜｜克里斯・馬凱（Chris McKay）

美國航太總署埃姆斯研究中心太空科學部門行星科學家

在南極終年冰封的霍爾湖（Lake Hoare），克里斯・馬凱在冰上融出了一個洞，往內窺看。他和研究同仁放了一些儀器進去，用來觀察這裡的現象，希望能更加了解早期的太陽系和生命的起源。

　　美國第一批火星登陸載具維京 1 號和維京 2 號在神祕的紅色行星輕輕著陸之後，已經過了 40 年。1970 年代這些開創性的無人任務是為了探索這個問題：火星上有生命嗎？如今，超過 40 年後，這個問題依舊存在，而且更迫切了。

　　對行星科學家克里斯・馬凱來說，找到答案是他長久以來的企求。為了火星調查，馬凱可說是走遍了天涯海角。他走過南極的乾燥河谷、西伯利亞、加拿大北極圈，還有亞他加馬沙漠、納米比沙漠和薩哈拉沙漠——全都為了研究類似火星的環境中的生命。馬凱的研究心法就是「鑽吧，寶貝，鑽吧」，並補上：「如果不鑽，不如不去」。

　　所以，在火星上，我們該往何處尋找生命？馬凱的清單很短：「我想去的地方全都在地下。」他看中的三個地點之中，第一名是美國航太總署的鳳凰號 2008 年 5 月 25 日的登陸地點，位於火星北方平原的低地，已知那裡很接近地表的地方有冰。「在那裡往下鑽 1 公尺，找到的東西就有可能是幾百萬年前融化的，」他說。

　　第二名則是好奇號探測車先前曾探勘過的地方。馬凱說，那個地區沒有得到應有的重視。「黃刀灣。我們在兩個鑽探地點往下鑽了 2 公分。穿過泥岩後就是灰色的火星——藏紅色的表面底下，」他解釋。「據我們所知，這是 35 億年前堆積在一個湖泊底部的沉積物。我們必須再往下挖，才能看到不受輻射影響的東西……可能要 5 公尺吧。」

　　馬凱名單上的第三名是火星的古老高地，那裡有非常強的磁場。「有磁場的地方是非常非常古老的……比我們在火星上看到的其他任何地方都古老，而且受到的干擾程度相對較低。在那樣的地方，你必須鑽得非常深，大概要 100 公尺。」

　　若要拿火星的載人任務和無人任務來比較，馬凱偏愛的絕對是有血有肉的人類探勘者。「我們有大腦，有眼睛，有腳，還有手。這些功能之中，最難在火星上達到遠端控制和自動操作的就是手……我們需要手來蒐集岩石、操作鑽頭。當你是個田野中的人類科學家時，這些東西都被我們視為理所當然。」

隨著季節流動

柯普來特斯峽谷（Coprates
Chasma）是水手峽谷的一部
分，仔細的觀察發現，這裡和
火星其他許多地方一樣，有季
節性斜坡紋線：亦即山坡上的
侵蝕線，會隨著季節性的溫度
變化而出現或消失，暗示裡面
可能含有液態水。這些觀察以
及有流水存在的高度可能性，
讓人對尋找火星生命一事更加
興奮。

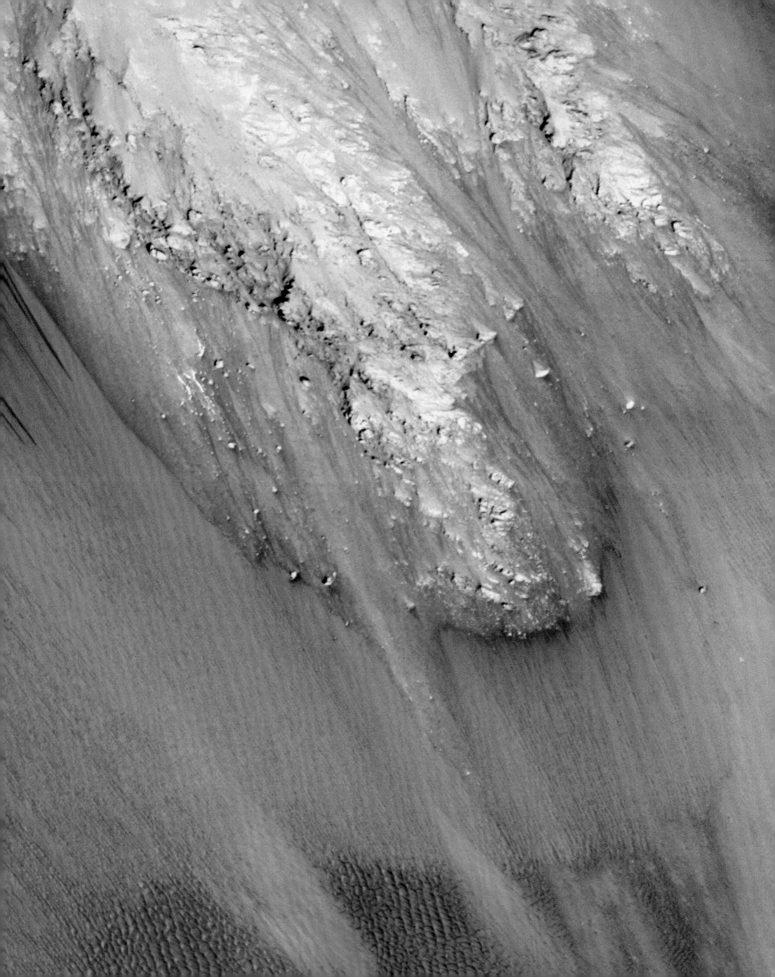

一旦抵達火星，我們就成為星際物種。而火星會讓人類跳脫國家的差異，還是使競爭得更加激烈？

全球觀點

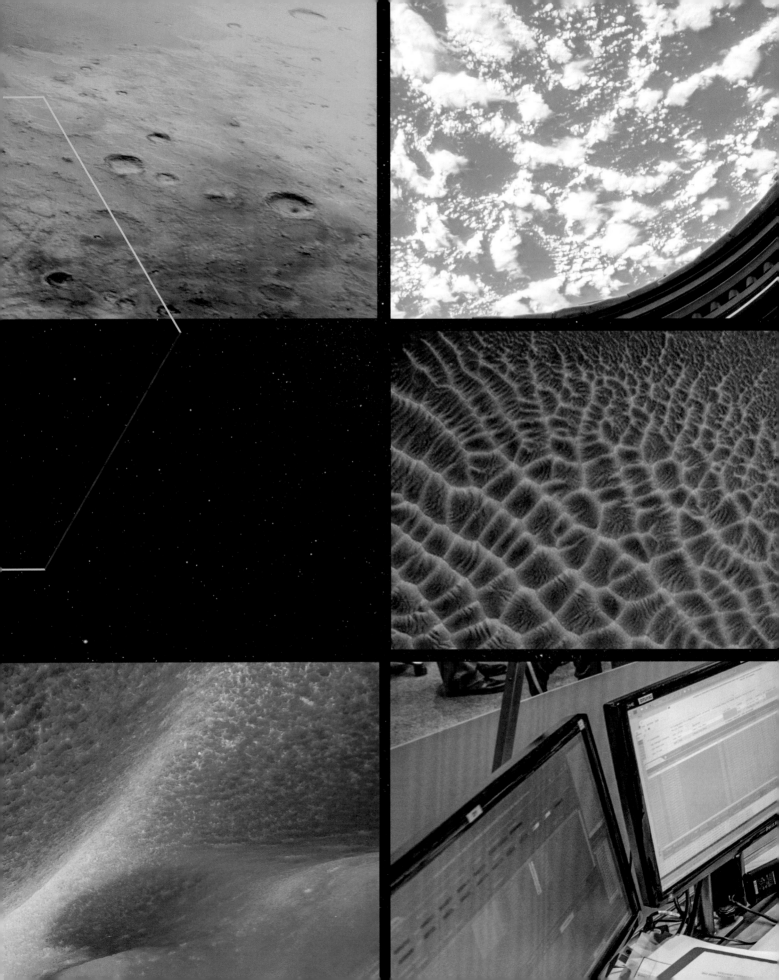

在歐洲太空總署位於德國達母斯塔特（Darmstadt）的控制中心，地球上的工作人員追蹤ExoMars 2016成功發射的過程。這是歐洲太空總署和俄羅斯聯邦太空總署（Roscosmos）的合作計畫，已經把一個微量氣體軌道載具和一艘名為斯基亞帕雷利號的登陸艇送上火星。

全球觀點

現在全世界的人類都愈來愈想目睹火星的驚人風景。1960 年代早期美國與前蘇聯之間的太空競賽已是過去式。相對於 20 世紀那種「一定要勝人一籌」的精神，現在已有一群國家正學著合作，共同發展前往火星所需的尖端科技。世界各地的國家，包括一些美國從未有過太空合作關係的對象，現在都在思考、討論、研究如何把太空船——最後還有人類——送往火星。

例如，歐洲、俄羅斯、中國、印度、美國以及其他擁有太空科技的國家，很可能共同合作，使火星計畫在經費上成為可能、技術上也確實可行。同樣令人興奮的是，民間企業也有一股成長中的熱情，可以為前進火星帶來更多助力，讓它更可能及早實現。

現在已經有許多國家把目標放在火星：

中國：中國航天官員指出，他們已經在進行把探測車送上紅色星球的計畫，最早可在 2020 年實現。他們已展示了一個縮小版的火星探測車原型，並表示中國的火星任務也會採集岩石和土壤樣本，並在 2030 年左右將它們送回地球。中國也已經有了月球探測的藍圖，規畫出無人月球探勘任務的階段性步驟，最後應該會送人上月球進行探索。中國也正在發展動力強大的長征五號運載火箭，可支援多種不同的深太空任務。

歐洲：歐洲太空總署（ESA）正在進行一項積極的火星計畫，名叫「ExoMars」。隨著微量氣體軌道載具和斯基亞帕雷利號（進入、降落和登陸的展示太空艙）在 2016 年 3 月的發射，這個計畫也全面展開，兩者皆於 2016 年 10 月抵達紅色星球（按：衛星已成功進入火星軌道，但斯基亞帕雷利號在著陸前失聯）。ExoMars 行動還有一部新穎的探測車，預定在 2020 年發射。這項任務所展示的新科技能為 2020 年代把火星樣本送回地球的任務鋪路。

前美國總統歐巴馬在2010年8月拜訪卡納維拉角時，在執行長伊隆‧馬斯克的陪同下參觀了SpaceX的一個發射台，並發表了一場重要的太空政策演說，表示「在佛羅里達的航太企業工作的男男女女」是「美國最優秀、訓練最精良的人才」。

至今沙塵暴已經持續了幾個月，基礎設施遭到破壞，火星居民的心理狀態也飽受折磨。當市鎮的電力供應失效時，居民的生命就會陷入很大的危險。團隊進行緊急搶修，雖然工作得以持續，但這場沙塵暴也確定了一件事：火星有可能給早期的拓殖者同時帶來生理上和心理上的傷害。

這兩項 ExoMars 的任務都由歐洲太空總署和俄羅斯的太空單位合作進行。

印度：印度的火星軌道探測器任務被取名為「火星飛船」（Mangalyaan），在 2014 年 9 月進入火星軌道，成為印度跨足星際空間的第一步。這個探測器研究火星的特徵與大氣，所配的儀器可偵測甲烷的存在，而甲烷可以提供生命存在的線索。火星飛船任務成功，促使印度太空研究組織（Indian Space Research Organization，簡稱 ISRO）進一步考慮其他的星際飛行計畫。NASA-ISRO 火星工作團隊（NASA-ISRO Mars Working Group）正在建立兩國之間的合作。

日本：日本宇宙航空研究開發機構（Japan Aerospace Exploration Agency）正考慮通過一項前往火衛一或火衛二的任務，目標是在 2020 年代初期登陸，並將樣本送回地球進行詳細分析。日本的第一個火星探測器「希望號」（Planet-B）被送去繞行火星，但在 2003 年 12 月任務失敗。它現在成了一顆人造行星，永遠繞著太陽運轉。

阿拉伯聯合大公國：作為伊斯蘭世界進入太空探索的第一項任務，阿拉伯聯合大公國發射了一枚火星軌道載具，想研究紅色行星古代氣候和今日天氣之間的關聯。這枚衛星預計在 2021 年之前抵達火星，將會建立第一份火星大氣的完整圖像，看它如何隨著日週律和季節而變化。阿聯太空總署（UAE Space

Agency）最近也宣布舉辦一項國內競賽，題目是設計兩人用的火星居住艙。根據競賽規則，居處艙的建築材料可以運自地球，也可以取自火星當地。

地平線上的火星

前美國總統歐巴馬在發表 2015 年的國情咨文時，太空人史考特 凱利（Scott Kelly）也在場，即將進行他在外太空停留一年的任務。歐巴馬總統和國會對他歡呼致敬，然後總統呼籲國會支持「振興太空計畫」，計畫目標是「在太陽系中拓展，而且不只是到訪，更要停留」。這些言論再次肯定了他 2010 年 4 月 15 日在佛羅里達州的甘迺迪太空中心（Kennedy Space Center）針對太空探發表的演說。「我們預期在 2025 年之前，專為長程旅行設計的新太空船將可讓我們開始進行載人任務，超越月球，進入深太空，」歐巴馬總統說。「我相信，到 2030 年代中期，我們就能把人類送去繞行火星，並平安返回地球。接下來就是登陸火星。我認為我應該可以親眼見到這些事情發生。」

暫且不談那些美妙的說辭，許多美國總統任內都支持火星的載人任務。他們大多把火星定為美國太空計畫的「地平線目標」（horizon goal）。只不過，目前依然缺乏動作的，是在政治上和財務上都夠紮實、堅定又可持續的人類前往火星計畫。

「火星是下一個值得探索的重要疆界。探索一直是人類冒險精神的一部分，是一種無法遏止的渴望。火星無人任務已經實現，而這是載人任務的先聲，」亨利・蘭布賴特（W. Henry Lambright）說。他是美國雪城大學（Syracuse University）麥斯威爾公民事務學院（Maxwell School of Citizenship and Public Affairs）的公共行政、國際事務與政治科學教授，著有《為什麼是火星：美國航太總署與太空探索的政治》（暫譯，原名為 Why Mars: NASA and the Politics of Space Exploration，2014 年出版）。「挑戰在於如何把渴望轉變成現實，而那需要政治意志和昂貴的硬體。把人類送上火星需要長年投入，」蘭布賴特說。「美國和航太總署必須帶領擁有太空實力的國家，組成聯盟，前往紅色星球。」

蘭布賴特認為這會是一項費時又費力的追求，「但如果多國分擔工作與經費，不出幾十年就可以達成目標。這項國際工作需要領導者，而美國應該要貢獻這份領導能力。各國或許可以透過前進太空，學會如何在地球上合作。」

克里斯・卡伯里（Chris Carberry）從政治角度來衡量目前情勢，他是「探索火星」（Explore Mars）執行長。這個私人機構於 2010 年在美國麻州的比佛

利成立，是頗具影響力的人類登陸火星擁護者。「雖然我不會說目前的火星任務已得到全面支持，但我認為美國國會和其他地方的支持力道已經大於從前。問題在於，這些支持有多堅定？而如果下一個政府想改變太空計畫的方向，大家會繼續支持嗎？」

有些人也許會說：又沒有人授權我們去火星。對此，卡伯里的反駁是：「火星任務在幾位總統任內一直都是地平線目標，包括現任總統在內。此外，它也得到航太總署的認可，被航太總署大力尊奉為目標。同時火星也顯然是大眾深感興趣的議題，」他指出。「就算這稱不上是授權，也很難想像有什麼其他太空探索的目標比火星更有資格。」

然而，所有火星任務的擁護者都同意，一定要由許多既有決心又有財力的國家共同合作才能成功。太空裡一個証實可行的國際合作模式就是國際太空站，它預計至少會運作到 2024 年。國際太空站被視為一項寶貴的資產，可協助緩解長期太空旅行預期會發生的幾種人類健康風險，同時也能測試改進人類想在深太空安全有效地執行任務所必需的科技與太空船系統。

歐洲太空總署現在正進一步發展超越低地軌道的人類太空運輸系統。作為關鍵部分的「歐洲服務艙」（European Service Module）將與美國航太總署發展的獵戶座太空船共同運作，進行深太空探測。德國太空人湯瑪斯・萊特（Thomas Reiter）說，載人與無人太空任務相互協調的新時代，需要廣泛的國際合作。他目前是歐洲太空總署的人類太空飛行與營運總監，曾在太空停留超過 350 天，其中有 179 天在俄羅斯的和平號太空站上。國際太空站計畫證明了堅強的國際合作關係的重要性。「以既有的合作關係為本，開放新伙伴加入，讓超越低地軌道的旅程繼續發展下去，現在正是時候。」他說。

月球村

全球的太空社群中，有相當多人認為下一個最佳目標是月球，不是火星。歐洲太空總署署長約翰－迪特里希・沃納（Johann-Dietrich Wörner）明白表示，繼國際太空站之後，他迫切希望實現的下一個目標是月球村。他認為火星是個「還不錯的目的地」，但他比較熱中的是月球基地，那將會是一個有全球多國參與、貢獻各自長才的地方：就像是月球上的國際太空站。

不過，《新太空》（New Space）期刊的總編輯史考特・哈伯德（Scott Hubbard）則質疑美國航太總署是否有財力在火星之旅的途中插入月球。「我

相信美國有能力負擔一個紮實的載人太空計畫，但兩個就不行了，」他總結。1960 和 70 年代把人類送上月球的阿波羅計畫，花費的金額在今日相當於 1500 億美金，高達當年美國聯邦預算的 4%，哈伯德說。沒錯，阿波羅計畫改變了人類歷史，「但當時有許多特殊條件匯合：國際競爭、總統指令、必要的經費；這在我們有生之年很難再現。」

　　哈伯德承認還有許多國家把月球視為人類探勘的重要目的地。除了歐洲太空總署之外，俄羅斯和中國也都宣布，他們策略性的太空目標也包括讓人類踏上月球。「顯然，那些還沒上過月球的國家都很希望成就此事，」哈伯德說。他提出，美國的一種可行辦法是低成本的月球探勘，可能由民間企業執行，同時美國則繼續努力朝火星前進。

　　成本永遠是個問題。美國航太總署的噴射推進實驗室最近執行了一項研究，從合理成本的角度概括描述人類前往火星的任務可以如何進行。報告中說，這個計畫要能實現，美國航太總署對國際太空站的貢獻最早必須於 2024 年終止，最晚則不超過 2028 年。接下來，會先有一組載人任務成員於 2033 年登陸火衛一（Phobos，又稱「佛勃斯」），然後於 2039 年短暫登陸火星，最後是在 2043 年在火星待上一年。每次任務都會以先前的任務為基礎，並為後面的任務留下

中國的月球任務嫦娥三號在 2013 年底抵達目的地，傳回許多圖像，包括這張有地球的全景照片。在 2014 年的一場航太展中，一部火星探測器的原型機公開亮相，外型與嫦娥三號相似，預計在 2020 年發射。

「我們都記得：甘迺迪總統提出的挑戰曾經激勵我們夢想抵達月球。同樣地，如果有一位國家領導人承諾在 20 年內讓人類登陸火星，他也定會留名青史。」

——巴茲・艾德林

基礎設施與新能力。這個火星架構由獨立的非營利團體美國太空公司進行獨立估價，並經通貨膨脹的校正，認為結果有可能在目前的美國航太總署預算中達成。而雖然內部研究中沒有包括進來，但很可能國際合作伙伴及民間企業也會分擔部分成本。

深太空的邊緣

月球問題懸而未決的同時，在月球周圍建立立足點的想法也開始有了吸引力。一切都從獵戶座號太空船開始，這是一艘為長時間的深太空載人任務而設計的多功能太空船。目前的計畫似乎是以環繞月球運行作為第一步，替未來人類進一步探索太陽系建立起必要的技術。

美國最先進的幾個太空公司也參與了計畫，為月軌內或環繞月球任務研發維生系統、輻射保護與通訊技術——這些進展將來也很可能用於其他不同目標的深太空任務，例如小行星，甚至是不久後的火星。獵戶座太空船的打造者是位於美國科羅拉多州丹佛的洛克希德馬丁太空系統（Lockheed Martin Space System），他們的太空探索建築師喬許・霍普金斯（Josh Hopkins）解釋，公司正在提升獵戶座的功能，讓人員可以在特殊的居住艙中環繞月球30天以上，而人員離開居住艙後，艙內可維持一段時間無人，直到下次任務開始。

霍普金斯說，在月軌內空間設置居住艙，能讓我們一步一步邁向火星。「我們預計不久就會在月軌內空間設置居住艙並開始運作，」霍普金斯說，而且他們也在努力想在首次發射後開發出新技術，例如更先進的回收系統與維生設備，這些都會在去火星前先在月球軌道測試。「在深太空邊緣的月球上立足是很重要的一步，」霍普金斯說。「月球與我們的距離大約是國際太空站的1000倍……而火星任務的距離大約是月球的1000倍。」一步一步來。

走出後花園

2006年，世界各地的14個太空機構共同成立了「國際太空探索整合團隊」（International Space Exploration Coordination Group，簡稱 ISECG）。這是一個審議機構，其目標是「透過整合各方力量」來促進太空探索。他們發行了一份「全球探勘路線圖」（global exploration road map），旨在協調整合各種載人和無人的太空任務，探索太陽系內人類有可能生活工作的目的

地。

「太空探索能鞏固、豐富人類的未來。」全球探勘路線圖開宗明義地說。「『我們來自何處？』『我們在宇宙中處於什麼位置？』『我們的命運是什麼？』追尋這些基本問題的答案，可以使各國因共同的理由而團結起來。」這份路線圖描述了人類階段性的拓展，從超越低軌道，一直到共同的長期目標：火星。「人類的太空移民仍在萌芽階段，」這份文件說。「目前我們大多仍停留在地球表面上方幾公里處──與在後院露營差不了多少。是該踏出下一步了。」

ISECG 的路線圖贊成先進行月軌內空間以及月面任務，然後再邁向更遙遠的火星──這樣的策略引發了「月球對火星」的爭議。美國航太總署的凱西·勞里尼（Kathy Laurini）也是路線圖工作小組的共同主持人，她指出，有些太空機構認為他們可以透過月球來證明自己擁有前進火星所需的關鍵能力。「大家都知道，有些太空機構想把送人上月球當成前進火星的一個步驟，」她說。「美國航太總署則已經表明，我們不認為在前進火星時，讓人類踏上月球是證明實力的必要步驟。」

勞里尼補充，她很清楚有一些太空機構很想去月球。「我們尊重這點，也已經告訴他們：我們會對火星任務做出貢獻，但他們不能只出一張嘴。他們必須要投資，」她指出。把人類送上月球確實能帶來重要的科學進步，例如研發就地資源利用的方法。月球探勘可以提升火星需要的科技。地表電力系統、地表運輸系統、地表住所、帶人類離開的發射艙：這些用於月球的技術，確實可以進一步運用在任何火星任務上。勞里尼很堅持：要把人類送上火星，國際合作是至關重要的──而且產生的好處也會回饋給地球。正如 ISECG 路線圖的結論所說的：「透過共同面對挑戰性的和平目標，這個太空探索的新時代將會加強國際間的伙伴關係。」

蘇珊·艾森豪（Susan Eisenhower）將這樣的想法表達得最為傳神。她是傑出的國際政策分析家，專精美俄關係。2014 年 4 月她被要求在美國參議院科學暨太空次級委員會（U.S. Senate Subcommittee on Science and Space）的「從這裡到火星」（From Here to Mars）聽審中作證。艾森豪在反思具爭議性的太空競賽歷史、前瞻新時代國際合作的願景時這麼說：「我們從歷史得知，要結束太空合作永遠比再次開始合作容易。而缺乏合作，我們將無法達成長期太空目標。」她借用「藍色彈珠」效應──也就是從太空中看到地球、是

一個太空人國際團隊經歷了520天的模擬火星生活,情境包括了一個居住艙和一片相似於火星表面的環境。圖中這位參與Mars500計畫的太空人正行走於一片泛紅的沙地上,此處模擬的是美國航太總署精神號探測車著陸的葛瑟夫坑(Gusev Crater)。

能使人心團結的新景象──繼續說:「太空對全球社群來說具有非凡的力量。它可以促成預防性外交、透明化,也能為那些願意將自身利益放到一旁的國家建立並鞏固彼此之間的連結。」

民間任務

就在各國討論把火星設為共同的目標時,政府與民間也展開合作。美國航太總署與畢格羅航太公司(Bigelow Aerospace)簽約發展人類太空飛行任務,帶動了創新太空居住艙「B330」的研發。這是一個可擴充的太空艙,加壓艙提供約 340 立方公尺的空間,至多可容納六個人。畢格羅希望 B330 居住艙能用來支援月球、火星、甚至是更遙遠的人類太空飛行任務。

目前為止最廣為人知的前進火星計畫,或許要算是「火星一號」了。這是一個單程飛行計畫,在業界中普遍被認為極端勉強。火星一號是荷蘭夢想家巴斯 · 蘭斯多普(Bas Lansdorp)和阿諾 · 偉德斯(Arno Wielders)發起的非營利計畫,據點在荷蘭,目標是在火星上建立人類殖民地。他們透過社群媒體邀請願意參與這趟單程旅行的個人報名,結果來自世界各地的報名者超過 20 萬人。「這表示,有史以來最受歡迎的職缺其實是去火星生活,」蘭斯

多普說。他們從應徵者中挑出 100 人，未來這些國際團隊將以每四人為一組，從 2026 年開始往火星移動。

火星一號的挑戰打從一開始就說得很清楚：這不是一張來回票。「單程的火星任務大大減少了基礎設施的需求。沒有回程任務，就表示不需要回程的載具、回程的推進劑、或在火星就地製造推進劑的系統，這些都需要多非常多的資源與技術發展。」在第一個四人小組抵達前，通訊系統、探測車和居住單元等會先送抵火星。「殖民基地將隨著居住者成為自己所處環境的建築師而發展。」火星一號的網頁這麼解釋。至於這個不隸屬於任何政府、只憑藉幾個企業伙伴發展的大膽計畫是否能升空並飛上火星表面，也只能等著看了。

馬斯克的火星觀

伊隆・馬斯克（Elon Musk）也許能實現火星任務。身為太空探索技術公司（Space Exploration Technologies），或稱 SpaceX 的企業家兼首席火箭製造者，馬斯克致力於讓個人與公司都留下獨特的軌跡。SpaceX 的網站大膽描述：「SpaceX 設計、製造、發射先進的火箭與太空船。本公司於 2002 年成立，旨在為太空科技帶來革命，最終目標是要讓人類得以在其他星球生活。」

根據馬斯克的時間表，SpaceX 的太空船「紅龍號」（Red Dragon）會先以無人任務的形式在 2018 年和 2020 年把物資投放到火星，而載人任務最早可能在 2024 年出發，2025 年抵達紅色星球。為了實現馬斯克在火星上建立城市的計畫，火星殖民運輸系統是必要的。

災難

權力鬥爭｜當愈來愈多人抵達火星時，誰才是老大？一旦發生緊急狀況，就可能天下大亂。殖民地優先權、移民問題、甚至是種族或宗教的不同所導致的緊張，都有可能撕裂火星上不斷成長的人類殖民地。

可能會出什麼差錯？

馬斯克曾說過，他的個人抱負是在大學時代萌生的，當時他想釐清什麼領域的工作可以替人類的未來帶來重大的正面影響。「我想到的三件事，」他在 2011 年告訴美國全國記者俱樂部，「就是網際網路、永續能源（包括生產和消費），然後就是太空探索……特別是讓生命得以在許多星球存活。而我大學時並沒料到自己會三個領域都涉獵。」但他確實做到了：從 PayPal（網路銀行）到電動車特斯拉（Tesla）加上太陽能，如今再進展到 SpaceX，也就是這個他希望能讓生命移居其他星球的公司。

在馬斯克的宇宙思維中，他認為一定要「設計一種可以運載生命的交通工具，可以在充滿輻射的太空中行進好幾億英里，抵達一個原本不適合這種生命存活的環境。」

馬斯克認為，不論是出於選擇還出於必要，人類終究會成為跨星球的物種。他說，或許有一天，我們會被迫移往其他行星居住。而目前則可能會有人自願這麼做。馬斯克告訴全國記者俱樂部的聽眾：「如果能把飛往火星或搬到火星的成本壓低到加州一棟中產階級住宅的房價」——也就是大約是 50 萬美元——「那麼我就認為會有足夠的人願意買一張票，搬到火星，成為創造新行星與〔建立〕新文明的一員。」馬斯克指出目前地球上的人口已達 70 億，本世紀中期更有可能達 80 億，所以即使 100 萬人中只有 1 人決定去火星，加起來也會有 8000 人。「而我猜，決定去火星的人可能多於百萬分之一，」他補充。

填寫報名表

彷彿為馬斯克的看法背書似的，美國政府的一項指標顯示，抱有雄心壯志想要前往火星的人似乎還不少。2016 年 2 月，美國航太總署宣布，他們招募太空人時，申請人數破了紀錄。「有那麼多背景各異的美國人想要對前往火星的旅程貢獻一己之力，一點也不令我意外，」美國航太總署行政長查爾斯・博爾頓（Charles Bolden）說。

超過 1 萬 8300 人填寫報名表，想參加美國航太總署 2017 年的太空人訓練班。這是前一期訓練班（2012 年）報名人數的將近三倍，同時也大幅超越先前的紀錄：1978 年的 8000 人。這麼大量的申請者會經過仔細篩選，只留下少數。美國航太總署的太空人篩選單位最後只會挑出 8 到 14 個人，成為不折不扣的太空人候選人。美國航太總署預計在 2017 年年中公布入選名單。

紅色星球在召喚我們。有許多充滿熱情的人急於在虛線上簽名，準備好奉獻自己的人生，跨越時間與空間前往另一個世界。他們是乘著科技進步的浪潮前進的朝聖者。雖然博爾頓並未承諾讓 2017 年入選的太空人獲得前往火星的票，但他的確說過：「下一組美國太空探索者將會鼓舞火星世代達成更高遠的抱負，並協助我們實現在紅色行星留下足跡的目標。」這是一份邀請函，邀請我們進入未知而精采的未來。

飛天而去

歐洲和俄羅斯合作的ExoMars
任務在2016年3月於哈薩克發
射升空，展開了前往火星為時
七個月的旅程。啓程後一個
月，它傳回第一張影像，為它
複雜的成像系統進行測試。

印度前進火星

2014年9月24日，印度的「火星飛船」順利抵達火星軌道。在邦加羅爾，印度太空研究組織的科學家和工程師相互道賀（下）。印度總理納倫德拉·莫迪（Narendra Modi）說：「今天我們創造了歷史。」有許多人從發射那天（右）就是這麼想的，因為他們的國家成了「第一次去火星就上手」的第一個國家。

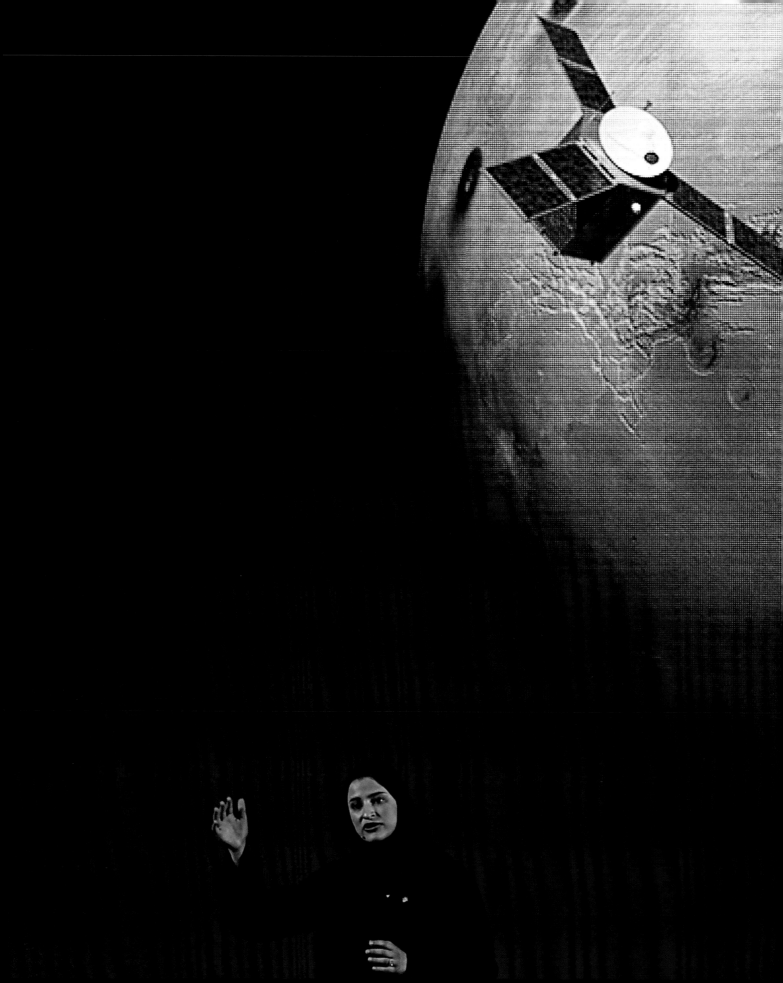

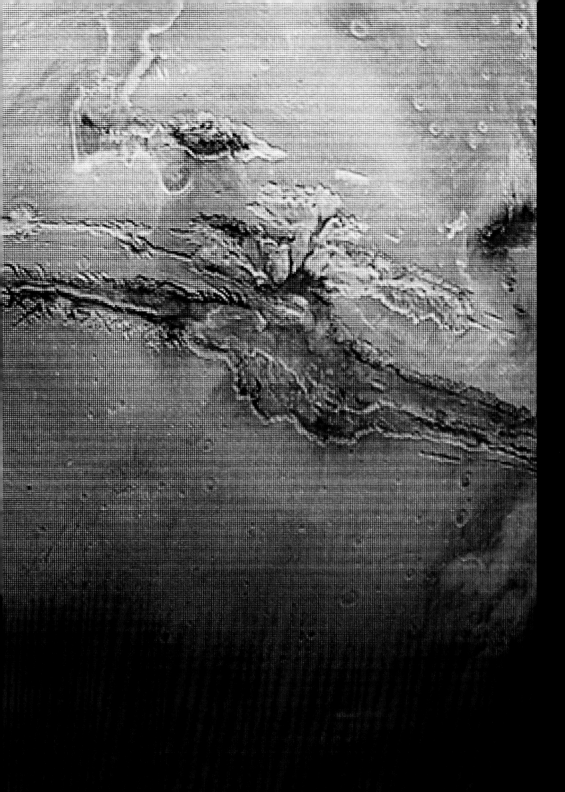

阿拉伯聯合大公國宣布執行火星任務

阿拉伯聯合大公國的火星計畫取名為「希望」（阿拉伯語：al-Amal）。專案的副主持人莎拉・阿米利（Sarah Amiri）說，他們預計讓無人探測器於2021年抵達火星，繞行火星至少兩年，蒐集火星大氣的資料。

嚴格操作

從2012年開始，SpaceX就一直以無人的來回旅程運送物資到國際太空站，發射地點是佛羅里達州卡納維拉角的空軍基地（如右圖，2014年）。2016年1月，SpaceX發布了一段成功的懸浮測試影片（下），未來載人太空船著陸時不需再用降落傘降落到大海裡的可能性因此推進了一步。

貴賓席

SpaceX的夢想家工程師要面對的下一個挑戰，是把人類送上低軌道及更遠的地方——如果執行長伊隆‧馬斯克得償所願的話，就是一口氣送到火星。圖中是「龍飛船」（Crew Dragon）的內部，這個SpaceX的太空艙可承載多達七名太空人。

英雄榜｜約翰・洛格斯登
（John Logsdon）

美國喬治華盛頓大學太空政策研究所榮譽教授

政治上人們對火星的興趣，在全世界到底有多普遍？根據太空政策賢達約翰・洛格斯登的說法，「這必須是也將會是個國際聯盟。」即便如此，洛格斯登補充，就現實面而言，只有美國可以領導這個由有意願的人組成的全球聯盟。「在民用太空活動方面，美國所花的經費仍然是世界第一，而且比其他所有國家加總起來還多。所以其他國家想成為領導者，一點也不合理。只有美國擁有領導者的資源。」

洛格斯登是喬治華盛頓大學政治科學暨國際事務榮譽教授。數十年來，他在太空政策的決策上一直是位敏銳且備受尊崇的發聲者，最近也為價格合理的人類火星任務新計畫貢獻心力。

不過，仍然有人擔憂人類前進火星的計畫無法得到足夠的承諾來支持長期且昂貴的行動。洛格斯登並不同意。「美國曾有一個名叫太空梭的計畫持續進行了40 年，從 1972 年一直到 2011 年。還有，美國對國際太空站的支持也從 1982 年開始，預計會持續到 2024 年。自從阿波羅計畫以來，美國政府在太空梭和國際太空站之間所付出的努力一直相當穩定。」他認為，這些都是「存在的證據」，證明「只要計畫的步調和野心符合可能的資金，」美國政府就會提供資源來維持昂貴的太空任務。

洛格斯登著有不少關於太空探索的書籍，包括對於甘迺迪總統決定前往月球的開創性看法。他說：「以送人上火星作為美國太空計畫的適當目標，目前看來是相當廣泛的共識。」不過，「那些擁護火星計畫的人必須先準備好，等待恰當的時機，」有點像是原地助跑。他同意美國航太總署行政長查爾斯・博爾頓的說法，認為美國航太總署已經比過去任何時候都更接近火星。「但那不表示我們已經接近火星了，」洛格斯登補充。「我心裡認為，通往火星的路必定要經過月球。」他認為國際合作重訪月球，是進行任何跨國火星任務之前的必要動作。

2010 年，美國總統歐巴馬宣布美國將前往火星。「這仍是指導政策，」洛格斯登同意，但也補充：接下來的美國總統都必須維持這個目標，才能讓它實現。「這幾乎是兩極的，」洛格斯登說。「美國要不就是持續朝深太空、月軌內空間、接著往火星前進⋯⋯要不就是結束政府的人類太空飛行計畫。沒有別的可能。」

我們對行星與恆星的探索可回溯到冷戰時期美國與前蘇聯之間的太空競賽。當時的優秀火箭工程師沃納・馮布朗（Wernher von Braun）正在對甘迺迪總統解釋土星助推器系統。甘迺迪總統對太空探索的投入推動了美國登陸月球。

充氣式技術

畢格羅航太公司總部位於美國
內華達州的北拉斯維加斯，專
精於充氣式太空艙的設計與製
造，包括簡稱為BEAM的「畢
格 羅 可 擴 充 式 活 動 艙 」
（Bigelow Expandable
Activity Module）。充氣元件
可以作為軌道組裝的一部分，
也可作為遙遠世界（例如火
星）的居住艙。

一步一腳印

前往火星的長途運輸，要從成功的基礎開始。洛克希德馬丁（Lockheed Martin）和波音（Boeing）公司合作的「聯合發射同盟」（United Launch Alliance）將三角洲4號（Delta IV）重型運載火箭準備妥當，於2014年12月把無人的獵戶座號太空船送上太空。獵戶座號的建造者洛克希德馬丁稱這次成功的發射為「我們火星之旅的第一步」。

歡迎來到我的火箭

英國企業家理查·布蘭森爵士（Sir Richard Branson）在2016年2月自豪地介紹維珍銀河太空船二號（Virgin Galactic SpaceShipTwo）。隨著他們的次軌道太空船按次付費旅程開始，私人太空旅遊的時代也即將到來。

發射、降落，
重複進行

太空時代的億萬富翁傑夫‧貝佐斯（Jeff Bezos）因亞馬遜（Amazon.com）而名利雙收。他的公司「藍色原點」（Blue Origin）穩定成長，也被認為是私人太空旅遊的先鋒競爭者之一。2016年1月，新雪帕德火箭（New Shepard）完成了兩次成功的升空與垂直著陸（右）——是個值得慶祝的成就（下）。

英雄榜 ｜ 瑪西亞・史密斯
（ Marcia Smith ）

太空政策分析網站 SpacePolicyOnline.com 編輯：太空與科技政策公司總裁

如果人類前進火星的計畫要長長久久，就必須結合許多條件——這裡指的是政治和政策。「美國太空總署進出戰場夠多次了，知道總統的宣言只有在經費足夠的時候才算數，」瑪西亞・史密斯說。她是太空政策分析網站 SpacePolicyOnline.com 的創立者與編輯，也是位於維吉尼亞州阿靈頓（Arlington）的太空與科技政策公司總裁。「這是一直存在的障礙。在合理的風險下把人類送上火星，是非常昂貴的。」

史密斯可說是太空政策達人：她曾經擔任太空研究委員會（Space Studies Board）和美國國家科學研究委員會之航空與太空工程委員會（Aeronautics and Space Engineering Board）的會長。「以政府計畫的方式把人類送上火星，目前受到美國國會的明顯支持，」她指出，「美國航太總署過去兩年來得到的預算增加就證明了這點。但就算增加了這些預算，未來年復一年需要的經費似乎怎麼樣都不可能足夠。」

美國航太總署採用「可演變性火星行動」作為人類火星任務的長期策略，這樣的作法可以順應情勢的改變。「這是很實際的方法，但受到一些人的質疑，他們非常渴望回到阿波羅任務的時代，」史密斯表示。「他們想要一個特定的架構，可以在 2030 年代早期至中期把人類送上火星表面，堅稱如果缺乏明確的日期和規畫，就不可能贏得支持。」

至於民間的太空發展，特別是伊隆・馬斯克的 SpaceX，是否可以協助實現這場人類遠征？史密斯說可以，私營部門（指的是以商業方式進行商業活動的部門，不是政府的承包商）確實可以扮演關鍵角色。目前 SpaceX 從政府那裡拿到很多經費。它因為簽署了非傳統形式的合約而避開了「政府承包商」的標籤，但它的資金還是來自政府，史密斯解釋。

「如果沒有政府資金，這些企業公司願意投入多少來研發他們的系統？這很難講，」史密斯補充。任何含有合理風險的人類火星計畫都需要很多的時間、很的多金錢、很多的人才，這點毋庸置疑。「這表示需要多國政府與民間企業合作努力，」史密斯說。

史密斯也指出，還有這個問題存在：目標究竟是什麼？是要爭得第一，還是要有一個長期的計畫，讓數十、數百、甚至數千人無限期地拓殖火星？「那會是個更大的挑戰，動機也不一樣。有多少人想要成為抵達火星的第二人？或第十人？或第一百人？對我來說，那些人才是真正的探險家，需要一項長期的、國際性與商業性的逐步計畫。」

SpaceX的太空補給船靠近國際太空站，象徵著今日公共與私人企業的合作。站內人員操作機械手臂將它捉住。

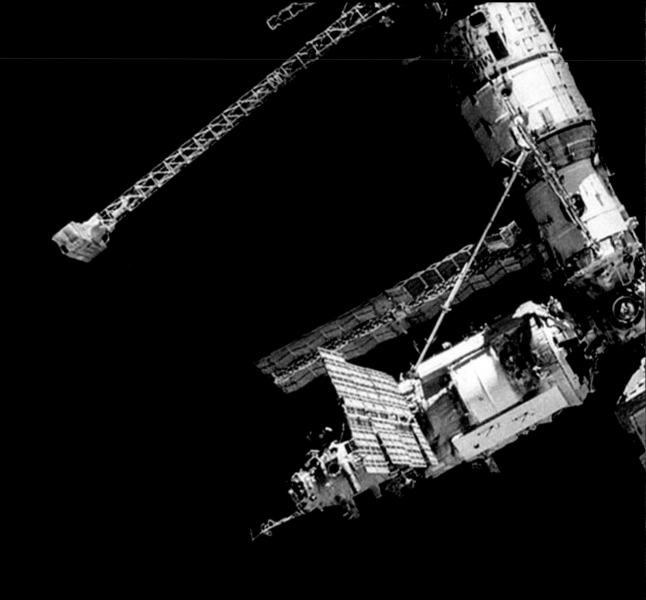

文化融合

隨著冷戰時期的太空競賽成為
過去式，美國航太總署和俄羅
斯太空機構進入國際合作的新
紀元：1995年6月，亞特蘭提
斯號（Atlantis）太空梭和俄
羅斯的和平號太空站對接——
是總計11次的太空梭拜訪的第
一次。

對火星的新洞察

美國航太總署的火星探測器「洞察
號」（InSight，全名「利用震
測、測地學與熱輸送探測內部」）
是一個探測火星深處地質的任務，
目前預計在2018年出發。本來的
發射時間定在2016年，但因探測
器的科學酬載中重要的儀器發生問
題而延遲。終於在火星著陸時，它
就會展開，如圖中的所示。

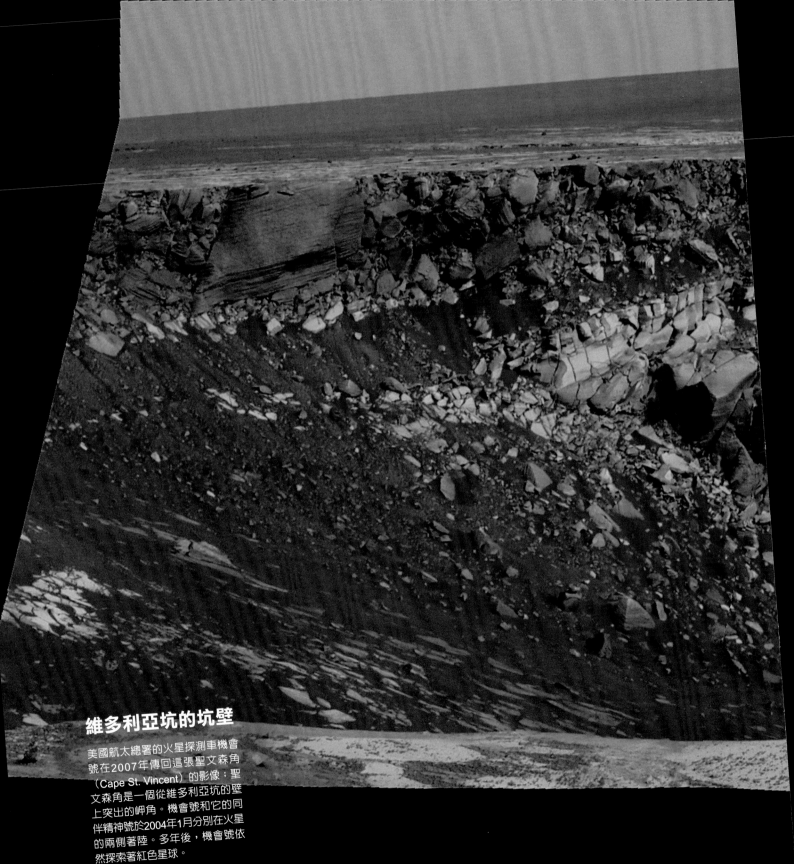

維多利亞坑的坑壁

美國航太總署的火星探測車機會號在2007年傳回這張聖文森角（Cape St. Vincent）的影像；聖文森角是一個從維多利亞坑的壁上突出的岬角。機會號和它的同伴精神號於2004年1月分別在火星的兩側著陸。多年後，機會號依然探索著紅色星球。

在火星上出生的孩子將不知道其他的風景，不知道其他的生活方式。他們面對的挑戰將與我們非常不同，但人類的天性就是會堅持下去。

火星家

看望火星的未來時，我們的想
像力可以飛往各種方向。這個
居住艙的設計稱為「冰屋」，
具有充氣式窗戶，窗內注入遮
蔽輻射的氣體，安裝在以當地
的冰築成的牆上。

火星家園

如果要預想火星殖民 50 年後的景象，目前再合理的推測也只像是在算命。當然，如果只是想像罩在氣密式大圓頂下的社區，又未免過於簡單。探索的最前線永遠有危險，但過去這些危險不曾成功阻止我們，這次也不會使我們裹足不前。引用詩人艾略特（T. S. Eliot）的話：「只有那些勇於冒險的人，才能發現自己可以走多遠。」微重力、長時間飛行、輻射、宇宙射線：我們是否能克服這些令人擔憂的危險？就算克服了，是否又會有今天還未知的其他問題出現？許多專家都說：這會是個巨大的轉型，我們必須要有心理準備。

美國加州州立大學北嶺分校（California State University at Northridge）的社會學榮譽教師布魯斯（B. J. Bluth）說，想想看：人類從歐洲前往新世界、接著又往美西遷徙時，人跟文化都改變了。「態度、價值、生活方式都經歷了重大的改變……同樣的現象也會影響那些決定前往其他行星殖民的人。」她還說，這不僅是心理狀態的改變：太空先鋒在生理、免疫、文化與社會方面都會發生改變，有異於留在地球上的前人。

假設我們不只登陸火星，還在火星上建立殖民地。我們必須推想長期在第四行星生活——以及最後在那裡生小孩——的生物學影響。最重要的第一個問題就是輻射的影響。人類在火星上的主要健康疑慮之一就是輻射。漫步火星的太空人會暴露在銀河系的宇宙輻射之下，遇上週期性的太陽風暴時，輻射量也會增加。「輻射帶來的最大威脅，是你有可能在安全回到地球一陣子之後死於輻射引起的癌症，」ANSER 的太空輻射專家羅恩・透納（Ron Turner）說，ANSER 是美國維吉尼亞州瀑布教堂市（Falls Church）的一個研究機構。目前有限的研究也暗示，輻射暴露可能導致的影響不僅發生於多年之後，也有可能發生於長期任務中，透納補充。退化性或急性的影響可能包括心臟病、免疫系統功能降低，甚至可能導致類似阿茲海默症的神經症狀。

會不會有那麼一天，廣告海報開始推銷火星上的旅遊、活動與展覽？平面設計師和美國航太總署噴射推進實驗室合作，闡示了「只要創造，就會成真」的原則。

第六集
十字路口

受到風暴的摧殘後，火星任務看來前景黯淡。緊張的投資者和各國政府開始認為，財務上、身體上和心理上的危險都已經變得過於巨大，因此人類在火星上的存在不值得延續。儘管地球上的支持者盡了一切努力，人類在火星的生活似乎即將落幕……直到一個意外的發現，顯示火星最大的驚奇還沒被揭露。

「不論是在地球到火星的旅途上，還是在火星表面上，充滿太空輻射的環境都是太空人日常生活大小事的重要考量，」盧森・路易斯（Ruthan Lewis）解釋，他是美國航太總署位於馬里蘭州格林貝特的（Greenbelt）哥達德太空飛行中心人類太空飛行計畫的建築師與工程師。維吉尼亞州漢普頓（Hampton）美國航太總署蘭利研究中心（Langley Research Center）的材料研究員席莉亞・狄包（Shelia Thibeault）說，已經有一種最新的輻射屏障構想受到看好，使用的是氫化的氮化硼奈米管。這種物質稱為氫化 BNNT，研究者已經用這種奈米管材料成功製作出紗線。狄包說，這種紗線夠有彈性，可以織入太空衣的布料中，即使在險惡的火星表面，也能保護太空人免於輻射傷害。

人類在火星表面承受的重力大約是地球的八分之三（0.375）。長期處於低重力狀態對人類的健康有什麼影響，我們的了解非常有限。在國際太空站上進行的生命科學實驗確實顯示會發生骨質流失。經過長時間的太空旅行抵達火星之後，這種弱化可能使太空人重新進入重力環境時面臨兩難。「基於這種〔效應〕的程度，美國航太總署已經把骨質流失視為長期太空飛行的固有風險，」傑伊・夏比洛（Jay Shapiro）說，他是德州休士頓國家太空生物醫學研究所（National Space Biomedical Research Institute）骨骼研究小組的組長。

倫敦大學學院的高海拔、太空與極端環境醫學中心（Centre for Altitude, Space, and Extreme Environment Medicine）副主任凱文・馮（Kevin Fong）說，火星的重力也不是我們的好朋友。馮博士是麻醉師也是生理學家，著有《極端醫學：探索如何改變二十世紀的醫學》（Extreme Medicine: How Exploration Transformed Medicine in the Twentieth Century，2012 年出版）。他在《Wired》雜誌的一篇文章中解釋，火星的低重力將會來一連串不能忽視的醫學問題：關於骨質密度、肌肉強度以及身體循環模式的問題都必須考慮到。「缺乏重力時，骨骼會面臨一種太空飛行導致的骨質疏鬆症。而由於我們體內的鈣有 99% 儲存在骨骼中，當骨質流失時，鈣就會進入血流，造成更多問題，包括便祕、腎結石和精神抑鬱，」他解釋。

重力較低時，身體也會長高。回到地球的太空旅行者最多可長高 5 公分。這是因為把脊椎往下拉的重力較少，導致脊椎延伸。一旦回到地球，這個狀態就不會維持很久，太空人會恢復到原本在地球上的身高。不過整體而言，對於居住在火星的人來說，骨骼強度、肌肉、免疫系統等變化，都只是人體改變的一部分而已。

而紅色星球上一旦開始有新世代，在火星上出生的人又會有什麼樣的未來？在火星出生的人若是回到地球，有可能會覺得地球上強大的重力難以承受。聖荷西州立大學的資深研究工程師、同時也是國家太空學會（National Space Society）董事的阿爾・葛羅布斯（Al Globus）說：「對於孩童，我們只有在一種重力條件下的資料。所以在三分之一重力條件下的火星，會發生什麼事？我們還不知道。」

不過，葛羅布斯又說：「有件事我們倒是知道得相當清楚：在火星上長大的孩子會比在地球上長大的弱。骨骼和肌肉的發展和所受到的力是相對應的。在火星上，重力施予的力小很多，所以骨骼和肌肉也會長得比較弱。」

開墾計畫

火星能夠改變我們的身體，那麼我們又能如何改造火星，讓它變得比較像地球？有一個已經討論多年的概念：「地球化」（terraforming），這是指重新塑造氣候與地表，讓火星變得適於人居。比起蓋幾個居住艙、讓太空人可以在艙內生活幾個月或一年，這是規模更大、時間更長，也更天馬行空的計畫。地球化意味著改造整個火星，讓它足以支持地球生命。

過去曾有人提出一些轟轟烈烈的構想，例如用含水的彗星撞擊火星，或在火星軌道上架設巨大的鏡子來反射陽光、提高火星表面的溫度，或者在兩極冰冠撒上採集自火星衛星的深色物質，這也是用來提高火星溫度。還有人提出散播基因改造微生物的想法，例如深色的地衣、藻類或細菌，以生物方式吸收太陽能，為火星大氣加溫。

　　要把火星改造成適合人居的星球，就必須有三樣必需品：可用的水，可供呼吸的氧，以及可生存的氣候。美國航太總署的太空科學家克里斯多夫・馬凱（Christopher McKay）對這些任務進行系統性的整理，歸納出一份地球化的時間表。第一階段是把火星的溫度提高，這很可能要花 100 年。

　　「把火星改造成適合生命的環境，第一個挑戰是要把星球變暖，並創造一層厚厚的大氣。厚而溫暖的大氣能讓液態水得以存在，這時生命就可以開始了，」馬凱指出。他雖然補充說，把整個星球變暖似乎是科幻小說裡才有的概念，但其實我們現在就已經在地球上展現這種能力了。「透過增加二氧化碳在地球大氣裡的含量，再加上一些超級溫室氣體，我們正使地球加溫，而且一個世紀可提高好幾度。一模一樣的效應也可以用來暖化火星，」馬凱指出。

　　在火星上，我們可以刻意產生超級溫室氣體，並且仰賴從火星極冠及地質釋出的二氧化碳。得到的結果會是一層又厚又暖的大氣，像一條毯子般把火星包住。馬凱補充說，現在在地球上，我們沒有刻意努力，暖化就以每世紀幾度的速度在發生。所以他推測：刻意透過超級溫室氣體讓火星暖化，所需的時間會更短。

　　環境變暖後，就可引進光合作用生物，接著有機生質就會開始蓬勃生長。這些生質自然會開始消耗火星土壤中的硝酸鹽和過氯酸鹽，生成氮氣和氧氣。這個耗時百年的地球化過程穩定後，由於溫度和壓力增加，火星的赤道到中緯度地區就會有液態水生成。隨著河流和赤道地區的湖泊形成，也會開始有經常性的降雪和偶爾的降雨。最後，火星上會形成水文循環，跟南極的乾谷裡面的很像。可以種植熱帶樹種，並引進昆蟲和某些小型動物。人類仍需要防毒面具，供應氧氣、避免肺裡二氧化碳濃度過高。

　　下一個階段，為了讓人類可以自然呼吸，馬凱認為需要另一個時間更長的加氧過程，把海平面大氣壓下的氧含量提高到 13% 以上、二氧化碳降低到 1% 以下。在地球上，全球生物圈利用陽光製造生質和氧的效率是百分之 0.01。馬凱說，如果在火星表面種滿效率相當的植物，藉此把火星大氣改造成含氧豐富的狀態，所需時間將會是 17 年的 1 萬倍，或者大約 10 萬年。他還說，或許有我們目前還不知道的科技與方法可以加快這個過程：「未來，合成生物學與其他生物科技也許

可以提高這個效率。」然而時間表還是會延伸到遙遠的未來。

10萬年固然是漫長的等待，但馬凱說，先進行可以對火星產生大影響的小實驗，藉此磨練我們地球化的功夫，絕對沒有壞處。例如，利用無人登陸器在火星上進行植物發芽試驗，可以協助我們設計利用光合作用為自己生產氧氣的方法。但馬凱也說，火星上的園藝計畫會帶來一個大得多的疑問：火星的生命形式會對我們的地球化行動造成什麼樣的衝擊？

如果火星上根本沒有生物，情況相對簡單。但要證明某物不存在，本身就是個難題。即使經過許多探索，可能還是很難做出這樣的結論：火星上完全沒有生命，而不是我們探測過的地方正好沒有生命。馬凱繼續說，如果真的發現任何形式的生命，那我們就必須十分謹慎地確立火星生命和我們想要引進的地球生命之間的關係。或許火星上找到的生命形式和地球的生命形式有關，例如是遠古的隕石交換造成的。但如果找到的生命形式與地球生命沒有關連，所引起的將不僅是技術上的問題，同時也會是巨大的倫理問題，馬凱如此總結。

公園計畫

使火星地球化——讓整個星球改頭換面——會是一項延續許多世代的工程，受到今日專家的討論與辯論。在此同時，也有其他人提議在火星表面選幾個不

人類的想像力早已登陸火星幾十年。早在1953年，在這幅插畫以及許多相關作品裡，美國太空藝術先鋒切斯利‧波尼斯泰（Chesley Bonestell）就已經想像了人類及相關科技存在於紅色星球上的景象。

「我們都是宇宙的孩子。不只屬於地球、火星或太陽系，而是屬於如煙火般絢爛的廣大宇宙。如果我們對火星有任何興趣，也只是因為我們對自己的過去感到好奇，且對可能的未來極度憂慮。」

──雷·布萊伯利（Ray Bradbury）

同的區域動手，以七個公園形成一個網絡，用來保護紅色行星的不同地區。這個構想受到蘇格蘭愛丁堡大學太空生物學教授查爾斯・克基爾（Charles Cockell）的支持。

火星擁有遼闊的沙漠，雄偉的峽谷，不再活動的盾狀火山，以及面積廣大的極地冰冠。克基爾說，若將這些地形特徵保留一部分起來，就可以成立多樣化的行星公園，各自擁有不同的特色、美景和固有的自然價值。這樣的公園也能讓地質上甚至是生物上的科學遺產得到最大的保護。具有人類重要性的特殊地區也可加以保存，例如人類首次著陸的地點、無人探測器建立特殊里程碑的地方，甚至是比人類更早到達火星的太空船船體，不論是否還能運作。

位於德國科隆的德國航空太空中心航太醫學研究所（Institute of Aerospace Medicine）的葛達・霍恩克（Gerda Horneck）認為，這份行星公園的提案與地球上的國家公園系統相呼應。她與克基爾在聲譽卓越的《太空政策》（Space Policy）期刊上共同發表他們的構想，認為火星公園是未來人類在火星上的必要存在，同時也是對「火星無法避免的工業和旅遊業發展」的回應。公園法規可以控管鄰近地區的工業發展，並且「可能成為觀光旅遊重點，例如地球上的大峽谷國家公園之所以得以保存，就是透過鼓勵大眾前去參訪並欣賞其壯闊景致與特殊地位。」

既然提出了公園，何不也成立博物館？即使在今天，人類也已經在火星留下痕跡。「除了我們的地球以外，火星是少數含有人類產物的行星之一，」美國拉斯克魯塞斯（Las Cruces）的新墨西哥州立大學人類學榮譽教授貝絲・歐勒利（Beth O'Leary）說。「火星任務有的成功、有的失敗，雖然有超過一半的任務是以失敗收場，」她指出，並鼓勵我們「考慮替未來的訪客、我們自己或火星上的其他人保存這些具歷史意義的太空船」。

歐勒利說，成功的無人火星登陸器代表行星旅行與科學的演進，而且擁有自我記錄的罕見特點。「它們能把火星表面的影像與其他資訊傳回地球。火星太空船的設計、計畫與文化觀點在過去半個世紀經過什麼樣的演變，有部分是保存在物質記錄中的。這些物品在太空探測上具有歷史重要性。」

這些遺產也記錄了所謂的「機器人文化」（robotic culture），這個詞由澳洲新南威爾斯的文化遺產副教授與未來主義者德克・史班曼恩（Dirk Spennemann）所創，意指部分人類、部分機器的遺產。「我們的月球遺產滿是各式各樣的機器人，從最早期的到現在的都有。而火星到目前為止的文化景

觀則全是由機器人塑造的。」歐勒利說，從火星「法醫調查」的角度而言，失敗的任務和墜毀地點也同樣重要。找到事件發生及可能仍有物證存在的地點，是調查的關鍵。她繼續說：想釐清故障的原因和本質，線索是存在的，可以提高未來成功降落火星的機會。而人類一旦親臨火星現場，就可以親自繼續這些重要的研究。

哥白尼的觀點

太空人從外太空的制高點傳回地球的照片以來，已經過了數十年。無數人對「巨大的藍色彈珠」感到驚嘆，也有無數人因為無人的航海家 1 號從 60 億公里遠處拍攝到的「蒼白的小藍點」而感受到自己的渺小。這些影像都喚起地球是一個整體的感受，也成為代表這個意義的符號。作者法蘭克 · 懷特（Frank White）在他的同名著作中稱之為「總觀效應」（overview effect）。總觀效應的概念促使一個非營利基金會成立，旨在延續這個符號、維持其意義的重要性。

從外太空看到地球的景象，帶給我們的衝擊是地面上其他經驗無法比擬的：「從太空中親眼看到地球，可以讓我們立刻了解到這是一個微小而脆弱的生命之球，懸掛在虛空之中，由薄如紙張的一層大氣保護、滋養。」總觀研究所（The Overview Institute）的網站如此描述。「太空人告訴我們，從太空中來看，國界消失了，那些分化人類的衝突變得不再重要。創造一個全球性社會，以共同的意志來保護這個『蒼白的小藍點』，立刻變得既明顯又迫切。更有甚者，許多太空人告訴我們，從總觀視角看去，這一切都彷彿近在咫尺，只要更多人能有這種體驗！」我們在 2014 年初嚐過一次這樣的滋味，那時好奇號從火星上傳回了地球的影像：雖是空中最明亮的物體，卻仍然是個小點。

懷特說，數千年來，我們都沒有體驗過總觀效應──無法實際感受到這個事實：自己是住在一顆飛馳於宇宙間的行星上。太空人一旦抵達地球軌道，甚至登上月球，他們就把它化成了絕對的事實，呈現在大家眼前。懷特指出，相對之下，人類抵達火星時則已經熟悉總觀效應。如果身在月球，你可以想像自己在必要的時候返回地球。但如果你在火星，回到地球的可能性就變小了。它需要的時間，可能會像早期的新大陸拓殖者回到英格蘭、或西部拓荒者回到東部那麼久，而且應該會非常昂貴。比起從月球回到地球，從火星回到地球可能必須經歷更艱難的生理轉變與調適。「某些拓殖者可能會覺得這非常難以接受，視不同的期待而定，」法蘭克 · 懷特補充。

Mars500是歐洲與俄羅斯太空機構合作的計畫,長期模擬火星上的生活狀態,但它也只能讓人初步想像這樣的經驗。圖中,一位參訪者正在窺看這片模擬世界。

　　然後對住在火星上的人來說,地球會變得跟我們現在眼中的紅色星球一樣:天空中的一個小光點,如果不用望遠鏡,根本看不出任何顯著特徵。這清楚意味著前進火星的先鋒不會再回來。他們從旅程的一開始就抱持著自給自足的獨立態度。「火星人很快就會發展出自己的文化,在地球人看來就像不折不扣的『外星人』,」懷特預測,並認為火星終究會對地球「宣告獨立」。

　　懷特也引用他與目前住在俄勒岡的哲學家尼克・尼爾森(Nick Nielsen)的討論。數千年來。人類只體驗過尼爾森所謂的「家園效應」(homeworld effect),不曾體驗過自己其實住在一顆宇宙間高速飛行的星球上的這個事實。當太空人進入地球軌道並登上月球時,他們對於我們家鄉的真實情況有了直接的體驗。

　　懷特說:「相對地,人類去火星時,會從火星的總觀開始。他們直覺就會知道『火星太空船』的意義,雖然我們是花了很長的時間才了解『地球太空船』是什麼。」由於已經有很多太空船繞著火星運行,我們對火星已經有了一份總觀,雖然是從很遠的地方得到的。

　　「我相信這會讓早期的『火星人』比較喜歡火星而不是地球,畢竟地球對他們來說十分遙遠,」懷特說。「我們也必須思考永久的低重力狀態,以及它對火

星居民思考方式的影響，特別是在他們的孩子身上。我認為他們會迅速演化──不論是心智上、情緒上，還是生物上。」

火星帶來的刺激

「人類上火星」究竟是不是過於匆促的不實炒作？加拿大多倫多約克大學（York University）人類學研究所的教育學碩士候選人芮娜・伊莉莎白・斯洛伯狄恩（Rayna Elizabeth Slobodian）最近發表了一篇文章，叫「匆促拓殖火星的人類學批判」。

「媒體上一直可以看到有權有勢、有影響力的人在談火星拓殖，」斯洛伯狄恩說，不論是 SpaceX 的伊隆・馬斯克、阿波羅 11 號的月球漫步者巴茲・艾德林，還是超級明星太空人克里斯・哈德菲爾德和史考特・凱利。雖然這些太空擁護者或許言之有物，但橫掃一般大眾、或者化為社群媒體圍繞著火星一號形成熱門話題的火星狂熱，所暗示的或許是沒那麼吸引人的社會特性。「行銷者把火星拓殖販賣給大眾時，會把生物趨力、物種存續、包容性、烏托邦理想等觀點囊括進去，」她寫道，認為「我們想要在未來十年內拓殖太空的欲望，絕大部分是出於自大、金錢與浪漫主義」，還有對永生不死的追求。她警告：「我們不該為了推銷烏托邦或激勵人心的想法，而把有人必須冒生命危險的事實粉飾過去。」

儘管如此，興奮之情還是存在。確實有人覺得去火星會很好玩──其實如果能在地球以虛擬實境的方式前往火星，或以火星作為度假目的地，或許會更好玩。為了實現這樣的度假之夢，美國內華達州的拉斯維加斯已經有了建造「火星世界」（Mars World）的計畫：身歷其境的紅色星球體驗，絕對不比地球上的任何主題樂園遜色。體驗地球四分之一的重力、乘著探測車漫遊、在太空走道上漫步、甚至來一次火星主題的 spa ──全都在「像吉薩大金字塔一樣大」而且「大到連玫瑰盃球場都裝得下」的圓頂裡面進行。首席設計師約翰・史賓塞（John Spencer）同時也是太空旅遊協會（Space Tourism Society）的創辦人，他認為「火星世界」將建立在「科幻、娛樂與真實之間長久以來的連結」之上。他說，簡言之，這不是科幻，而是「科學的未來」。想來一趟不必離開地球的火星之旅，就交

災難

想家太久｜隨著火星殖民地脫離地球獨立發展，社會隔離也逐漸演變成一種深刻無望的孤立感。連走出室外呼吸一口新鮮空氣的機會都沒有。

可能會出什麼差錯？

給拉斯維加斯吧。

我們就是火星人

很少人知道，預定由人類帶往火星的第一個紀念碑已經存在了，未來的設置地點也已經決定。這是一塊 20x25 公分的不鏽鋼牌子，目前暫時展示於美國華盛頓特區的史密森美國國家航空太空博物館，就在實物大小的維京號火星登陸艇工程模型旁。牌子上銘刻文字如下：「紀念提姆・穆區（Tim Mutch），他的想像力、氣魄和決心對太陽系的探索有巨大的貢獻。」

湯瑪斯・「提姆」・穆區（Thomas A. "Tim" Mutch）是卓越的太空科學家、行星地質學家，也是維京號成像團隊的隊長，負責操作美國於 1976 年第一個登陸火星的太空船上的照相機，並把影像傳回地球。根據這些影像，穆區出版了他的第三本著作《火星風景》（The Martian Landscape）。他也是個狂熱的登山家，策畫了無數次高海拔考察。他曾對學生與登山伙伴說過：「我沒辦法把你們全部帶上火星，但我可以讓你們體驗一點探索的意義。」

穆區在一次考察中亡故，那是 1980 年在喜馬拉雅山怒峰的山坡上。他過世一年後，美國航太總署把當時還在火星運作的維京 1 號登陸器重新命名為「湯瑪斯・A・穆區紀念研究站」（Thomas A. Mutch Memorial Station）。當時的美國航太總署署長羅伯特・福羅什（Robert Frosch）也為這塊不鏽鋼紀念牌進行揭幕儀式，宣布這塊牌子將由抵達克里斯平原的第一組人員安裝在維京 1 號上，維京 1 號至今依然停在那個地點。

等到那時候，應該已經有其他許多探測車、登陸艇與其他地球工具在火星表面著陸。但沒有任何東西會像人類踏上火星、征服火星的那一天那麼令人激動、那麼具有歷史性、那麼不畏死亡、給予生命與未來如此正面的肯定。未來的火星居民應該會記得《火星紀事》（The Martian Chronicles）作者、同時也是太空旅行與探索的夢想家雷・布萊伯利說過的話。

1976 年，布萊伯利因為維京 1 號和 2 號無人登陸艇在火星著陸而歡欣鼓舞。他說：「今天我們碰觸了火星。火星上有生命，而那就是我們……我們的目光朝四面八方延伸，我們的心智延伸，我們的心靈延伸，今天終於觸及了火星。這就是我們在那裡尋找的訊息：『我們到火星了。我們就是火星人！』」

飛翔的想像力

我們的心靈愈是往未來推進，
就愈需要畫家而非照片來呈現
我們在火星上的未來。這幅圖
像描繪的是深太空探測船克羅
諾斯1號在軌道上運行、越過
水手峽谷上空的景象。

地下大都會

有些計畫提議應該用地表來保護人類住處免受火星嚴酷的氣候和大量輻射侵襲。如果這個計畫成真，我們可能會創造出一整座繁忙的地下城市，燈火不分晝夜持續閃耀。

未來的住宅

許許多多的競賽激發了各種夢想住宅，結合了科學、藝術與工程學：火星環境的嚴酷險惡，建築設計的優美線條，以及讓兩者相融合的科技。「火星冰屋」（下）獲得美國航太總署最近舉辦的3D列印居住艙競賽第一名，以纖維、氣凝膠和火星上的水為建材。「熔岩之巢」（右）則是第三名的作品，利用模組化的設計與新的鑄造技術，把火星土壤和太空船的一部分鎔鑄在一起。

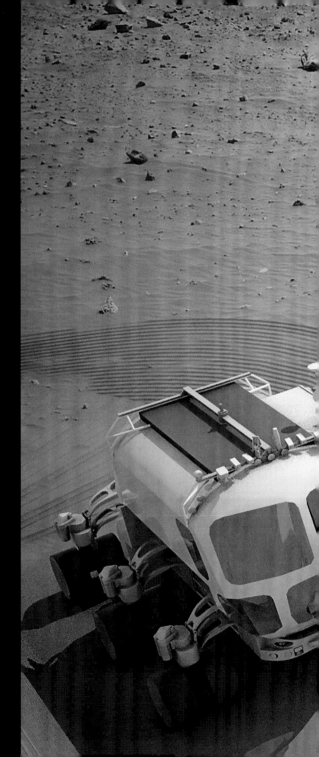

英雄榜｜尤金・伯蘭（Eugene Boland）

Techshot 公司首席科學家

沒幾家公司能夠擁有一間模擬火星生態系的「火星室」來做實驗。Techshot 的測試室就有這個條件：模擬火星的氣壓、日夜溫度的變化，以及無情照在火星表面的太陽輻射。在這個人造的生態系中，首席科學家尤金・伯蘭正在研究「生態培育」（ecopoiesis），這個概念是在原本無生命的地方創造生命，而且形成足以支撐生命存活的生態系。這與「地球化」的概念不同，後者在於改造土壤、空氣及大氣，使環境可供人居，而生態培育是更具創造性的一步，目的在於延長人類在火星的居留期。

伯蘭與同事正在評估利用能建立生態系的先鋒生物與火星土壤來生成氧氣的可行性。他們測試的某些生物也可以從火星土壤中分離出氮。「這是製造氧的一個方法，」伯蘭解釋，如此一來就可以幫助省去把沉重的氣瓶運到火星的龐大成本。「我們的微生物會利用整個火星環境，包括土壤、地下冰，再加上大氣，製造出可供呼吸的氧氣。我們不如送一些微生物過去，讓它們幫我們做那些苦力活。」伯蘭說，進行生態培育的細菌或藻類在巨大的生態圓頂內轉換氧氣，經過適當的時間，這些生態圓頂就可以成為遠征隊的舒適基地。

伯蘭的研究得到美國航太總署創新先進概念計畫（Innovative Advanced Concepts Program）的支持。他提議讓未來的火星探測車攜帶一些特殊工具。到了選定的地點，這個狀似小型容器的裝備就被植入地下約 10 公分的深度。容器中含有經過挑選的地球生物——例如某些藍綠菌之類的嗜極端生物。火星土壤被弄進容器後，它們就會和土壤相互作用。一旦啟動，儀器就能偵測是否有氧之類的代謝產物出現，並把結果傳送給繞著火星運行的中繼衛星。

這個容器的設計是密封式的，因為必須避免地球生物暴露於火星大氣中。伯蘭將這個實驗視為從實驗室研究到火星實地試驗（相對於分析式研究）的第一個重要進展，對於行星生物學、生態培育和地球化而言都相當重要。

伯蘭的願景是：在火星上設置靠微生物啟動的生物性氧氣工廠，他認為可以用這種方法產生未來需要的氧氣補給。「我是生物學家也是工程師，」伯蘭說。「所以我想結合這兩樣東西，創造出有用的工具」來解決一個已知的問題：如何在火星上為人類提供必需的氧氣。

確保氧氣充足，是把人類送上火星的關鍵步驟。現在地球上的科學家正在評估可以運送到紅色星球並在那裡建立起來的氧氣製造技術。

保持溫度、抵抗輻射。紐曼穿
著自己設計的作品（左頁），
顯示出膝關節可以自由活動到
什麼程度。維生系統透過一組
簡單的吊帶（下）綁在身上。

有機之柱

為了建造這個地下住所，採礦機器人會比人類早一步抵達火星，探測地表尋找玄武岩。玄武岩是火星上已知存在的火成岩。最粗壯的柱狀玄武岩將會成為基柱。內部細節則採用玄武纖維絲，這種織品已經被運用在航太工業中。

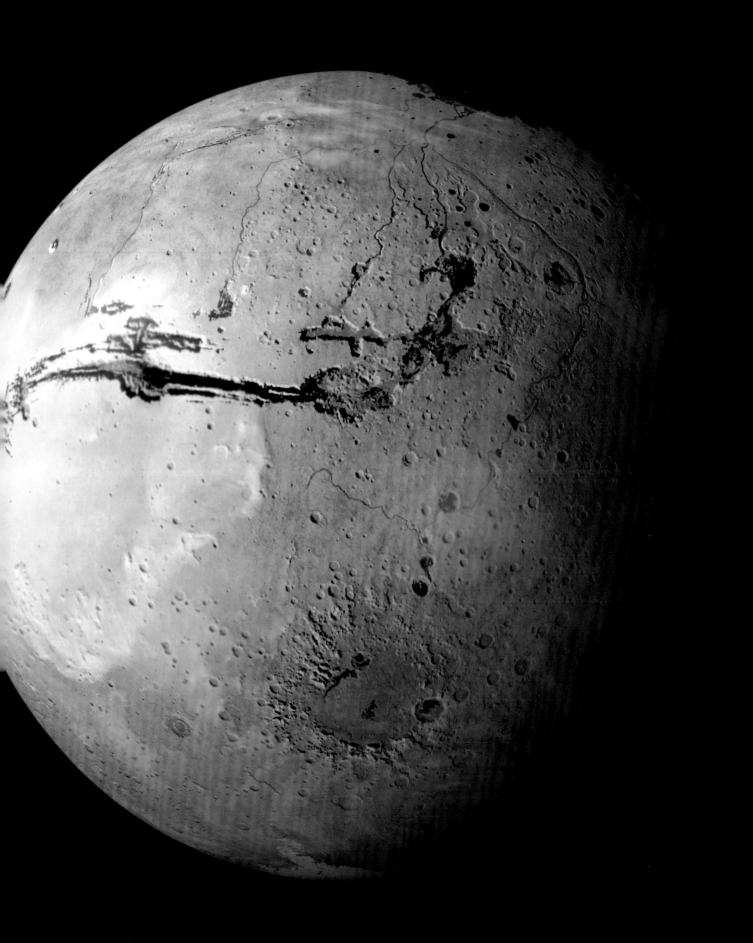

屬目焦點

人類第一次踏上火星時,將會
受到全世界的矚目,就像
1969年人類第一次踏上月
球,以及2012年8月美國航太
總署的好奇號探測車在火星成
功著陸時一樣。從紐約的時代
廣場(右)到東京,無數人為
好奇號歡呼喝采。透過網路即
時觀看好奇號著陸的人數估計
有320萬人。

英雄榜｜巴茲‧艾德林

前太空人、太空探索擁護者

如果你想推動一場前往火星的行動，最好先去請教已經是深太空先鋒的人——例如巴茲‧艾德林。艾德林是阿波羅 11 號的太空人，也就是 1969 年 7 月人類首次登陸月球的隊員。在這場創造人類歷史的偉大旅程中，他是繼尼爾‧阿姆斯壯（Neil Armstrong）之後，第二位踏上地球的天然衛星的人。

如今，超過 45 年之後，艾德林堅決相信火星是人類的下一個目的地。這個紅色星球對他來說是「黑暗太空中等待著我們的島嶼」。「我個人經歷過許多的第一次，」艾德林說。科學與探索上的第一次「需要一種特殊的領導能力，那種能力的特點就是充滿勇氣。」人類的探索永遠不會結束，而登上火星正是這項傳統的延續。

艾德林最近正忙著設計一套系統，他稱之為「占領火星的循環路徑」（Cycling Pathways to Occupy Mars）。「『循環路徑』」是一種工程學方法，技術上毫無問題，也已經可以實行，並不是什麼還有待研究的目標。所需的物理學都已經存在了，」他解釋。「此外，普渡大學、MIT 以及我在佛羅里達理工學院的巴茲‧艾德林太空研究所持續進行的修正工作也證實：如果現在就開始，人類可以在 2040 年之前成功登陸並持續停留火星。」

正如艾德林所說（技術論文也已經確認）的，現有的循環控制架構強調的是再使用性，可以低成本地多次運送人員。「這真的可行，」他指出。「用地球上的例子來比喻的話，就像渡輪來回運載乘客過河，十分具有經濟效益。」

艾德林的計畫需要循環飛行的太空船，以及兩架或更多架可重複發射的火星登陸艇，攔截從地球而來的循環太空船，把人員轉送到火星或火衛一，進行為時九個月的任務。火星基地所需的先進科技，會先在月球上一個設計相似的月球基地研發完成。人類會先在美國的月軌太空船上組裝一個國際月球基地，再根據這些經驗，到火衛一上透過遙控機器人建造火星基地。

「帶頭進行各種循環路徑系統，不僅可以讓美國重回人類太空探索的最前線，也能為所有的太空科技國家提供一個重要的合作方法……全世界將共同進行人類歷史上最偉大的功業，」他說。

「喚起我們的更高理想、帶領我們接近火星的美國總統，將不只是創造歷史。他還會以抵達、了解並開拓火星的人類先鋒之名，永世流芳。」艾德林提出挑戰：「現在不做，更待何時？如果不是我們，那會是誰？這是我們的時代……也是你的時代！」

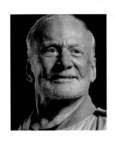

在這張歷史性的照片中，阿波羅11號太空人巴茲‧艾德林在1969年7月人類首次登陸月球時，站在這片荒蕪的風景中。他的頭盔上反映著攝影師，也就是同行的太空人尼爾‧阿姆斯壯，還有登月小艇老鷹號（Eagle）。

無常的沙丘

這是火星夏普山（Mount Sharp）西北側巴格諾沙丘群（Bagnold Dunes）的影像，由美國航太總署的好奇號探測車傳送回地球。一段時間的觀察發現，這些沙丘一年可以移動達1公尺。好奇號傳送的影像其實是連串的數據，必須由美國航太總署的科學家進行分析。這張照片經過色彩校正，呈現出沙丘在地球日光下的可能模樣。

火星日落

美國航太總署的火星探測車
精神號從葛瑟夫隕石坑捕捉
到這個日暮時分的景象，那
天是2005年5月19日，也是
精神號在紅色星球的第489
個火星日。

寂靜星球的風景

這是藝術家朱利安‧莫夫（Julien Mauve）的想像：人類的腳步正邁向火星，那是個和地球截然不同的世界，一個謎樣的星球，到處都是狂野的風景、謎團、危險，以及許諾。

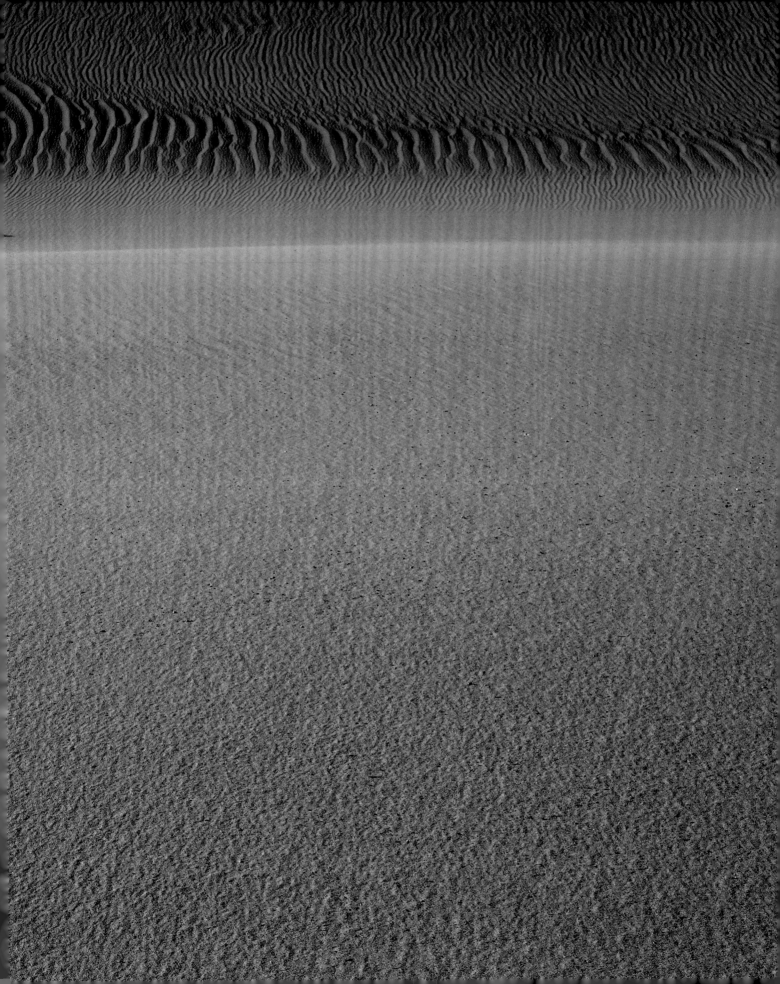

時間表│國際火星任務

1960

前蘇聯
Marsnik一號（火星 1960A）
1960年10月10日
試圖飛掠火星
（發射失敗）

Marsnik二號（火星 1960B）
1960年10月14日
試圖飛掠火星
（發射失敗）

1962

前蘇聯
史潑尼克22號（Sputnik 22）
1962年10月24日
試圖飛掠火星

火星1號
1962年11月1日
飛掠火星（失聯）

史潑尼克24號（Sputnik 24）
1962年11月4日
試圖登陸火星

1964

美國
水手3號（Mariner 3）
1964年11月5日
試圖飛掠火星

水手4號
1964年11月28日
飛掠火星

前蘇聯
探測器2號（Zond 2）
1964年11月30日
飛掠火星（失聯）

1965

前蘇聯
探測器3號
1965年7月18日
飛掠月球，火星測試飛行

1969

美國
水手6 號
1969年2月25日
飛掠火星

水手7號
1969年3月27號
飛掠火星

前蘇聯
火星1969A
1969年3月27號
試圖繞行火星
（發射失敗）

火星1969B
1969年4月2日
試圖繞行火星
（發射失敗）

1971

美國
水手8號
1971年5月9日
試圖飛掠火星
（發射失敗）

前蘇聯
宇宙419號（Cosmos 419）
1971年5月10日
試圖繞行／登陸火星

火星2號
1971年5月19日
繞行火星／試圖登陸

火星3號
1971年5月28日
繞行／登陸火星

美國
水手9號
1971年5月30日
繞行火星

1973

前蘇聯
火星4號
1973年7月21日
飛掠火星（試圖繞行火星）

火星5號
1973年7月25日
繞行火星

火星6號
1973年8月5日
登陸火星（失聯）

火星7號
1973年8月9日
飛掠火星（試圖登陸火星）

1975

美國
維京1號
1975年8月20日
繞行火星並登陸

維京2號
1975年9月9日
繞行火星並登陸

1988

前蘇聯
佛勃斯1號（Phobos 1）
1988年7月7日
試圖繞行火星／登陸火衛一

佛勃斯2號
1988年7月12日
繞行火星／試圖登陸火衛一

1992

美國
火星觀察者號（Mars Observer）
1992年9月25日
試圖繞行火星（失聯）

1996

美國
火星全球探勘者號（Mars Global Surveyor）
1996年11月7日
火星軌道衛星

俄羅斯
火星96號（Mars 96）
1996年11月16日
試圖繞行／登陸火星

美國
火星探路者號（Mars Pathfinder）
1996年12月4日
火星登陸器／探測車

1998

日本
希望號（Planet-B）
1998年7月3日
火星軌道衛星

美國
火星氣候軌道衛星（Mars Climate Orbiter）
1998年12月11日
試圖繞行火星

1999

美國
火星極地登陸者號（Mars Polar Lander）
1999年1月3日
試圖登陸火星

深太空2號（Deep Space 2）
1999年1月3日
試圖登陸並穿透火星表面

2001

美國
2001火星奧德賽號（2001 Mars Odyssey）
2001年4月7日
火星軌道衛星

2003

歐盟
火星快車號（Mars Express）
2003年6月2日
繞行火星並登陸

美國
精神號（Spirit，MER-A）
2003年6月10日
火星探測車

機會號（Opportunity，MER-B）
2003年7月8日
火星探測車

2005

美國
火星勘測軌道衛星（Mars Reconnaissance Orbiter）
2005年8月12日
火星軌道衛星

2007

美國
鳳凰號（Phoenix）
2007年8月4日
火星探測計畫登陸器

2011

俄羅斯
佛勃斯－土壤（Phobos-Grunt）
2011年11月8日
試圖登陸火衛一

中國
螢火1號
2011年11月8日
試圖繞行火星

美國
火星科學實驗室（Mars Science Laboratory）
2011年11月26日
火星探測車

2013

印度
火星飛船（Mangalyaan）
2013年11月5日
火星軌道衛星

美國
火星大氣與揮發物演化任務（MAVEN）
2013年11月18日
火星勘測任務軌道衛星

2016

歐盟
ExoMars 2016
2016年3月14日
火星軌道衛星及登陸器

2018 年以後

美國
美國航太總署火星探測車，2020年
下一個火星軌道衛星，2022年
中國
火星軌道衛星／登陸器／探測車，2020年
歐洲太空總署
ExoMars探測車，2020年
阿拉伯聯合大公國
希望火星軌道衛星（Hope Mars Orbiter），
2020年
日本
火星衛星探勘計畫，2022年

資料來源：美國航太總署太空科學資料聯合檔案庫（NASA Space Science Data Coordinated Archive）火星探勘時間表（Chronology of Mars Exploration）

謝誌

我想對撰寫本書期間接觸過的所有人和機構表達我的感謝，這份名單太長，無法在此完整列出。這本書若沒有你們的協助，無法完成。

我要感謝兩位火星策畫者：美國航太總署的小瑞克 · 戴維斯（Rick Davis, Jr.）和科學應用國際公司（Science Applications International Corporation）的史蒂夫 · 霍夫曼（Steve Hoffman），他們寶貴的指教與洞見對本書的成形有很多幫助。

我要感謝妻子芭芭拉，她確保我在火星上忙碌時也能同時在地球上腳踏實地。

我要向我早期在「火星地下」（Mars Underground）的夥伴致敬，特別是克里斯 · 馬凱（Chris McKay）、卡羅 · 史托克（Carol Stoker），卡特 · 艾默特（Carter Emmart）、班 · 克拉克（Ben Clark）、潘妮 · 波士頓（Penny Boston）、巴茲 · 艾德林（Buzz Aldrin）、科力 · 麥克米倫（Keli McMillen）以及已故的湯姆 · 邁爾（Tom Meyer），他是一盞明燈，總是能夠把人們召集起來。

我十分感激本書的火星團隊，特別是編輯（和催稿）高手蘇珊 · 泰勒 · 希區考克（Susan Tyler Hitchcock）、目光精準的照片編輯凱薩琳 · 卡羅（Katherine Carroll），以及本書的卓越設計者大衛 · 惠特莫爾（David Whitmore）。

最後，對世界各地努力不懈連結地球與火星的人士，我在此致上謝意。

——李奧納德 · 大衛

作者簡介

李奧納德 · 大衛報導太空探索議題的資歷已超過 50 年。他曾獲得 2010 年美國國家太空俱樂部新聞獎（National Space Club Press Award），也曾任美國國家太空協會（National Space Society）刊物《迎向星空》（Ad Astra）及《太空世界》（Space World）的總編輯。他與巴茲 · 艾德林合著有《前進火星：尋找人類文明的下一個棲地》（Mission to Mars: My Vision for Space Exploration，中文版由大石國際文化於 2014 年出版）。大衛也為 Space.com 撰寫〈太空內幕〉（Space Insider）專欄，其作品常見於不同出版媒體。他目前與妻子芭芭拉住在美國科羅拉多州的戈爾登（Golden）。

圖片 | 出處

Cover, National Geographic Channels/Brian Everett; Back Cover, NASA/United Launch Alliance; Front Flap, NASA/JPL; Back Flap (UP) Barbara David; Back Flap (LO), Jeff Lipsky; 1, Reproduced courtesy of Bonestell LLC; 3, Lockheed Martin; 4, NASA/JPL-Caltech/University of Arizona; 10-11, NASA/JPL-Caltech/University of Arizona; 18-9, NASA/Goddard Space Flight Center Scientific Visualization Studio; 19, NASA/JPL-Caltech; 20-21, NASA/JPL-Caltech; 22, NASA/JPL-Calech/University of Arizona; 24, National Geographic Channels/Robert Viglasky; 29, NASA; 31, NASA/JPL-Caltech/University Arizona/Texas A&M University; 32-3, Lockheed Martin/United Launch Alliance; 34-5, NASA/United Launch Alliance; 36-7, NASA/Bill Ingalls; 38, NASA/Aerojet Rocketdyne; 39, NASA/Stennis Space Center; 40-41, NASA/JPL-Caltech/University of Arizona; 42, NASA/JPL-Caltech; 42-3, NASA; 44-5, NASA/JPL/University of Arizona; 46-7, NASA/JPL-Caltech; 48-9, NASA/JPL-Caltech; 49, NASA/JPL-Caltech; 50-51, NASA/JPL-Caltech/MSSS; 52, NASA/JPL-Caltech/Malin Space Science Systems; 53, NASA/JPL; 54-5, NASA/JPL-Caltech; 56-7, NASA/JPL-Caltech; 60-61, NASA/JPL/Arizona State University; 62-3, NASA/Goddard Space Flight Center Scientific Visualization Studio; 62 (LE), NASA/JPL-Caltech; 62 (RT), NASA; 64-5, NASA; 66, NASA/Bill White; 68, National Geographic Channels/Robert Viglasky; 76-7, British Antarctic Survey; 78, French Polar Institute IPEV/Yann Reinert; 78-9, ESA/IPEV/PNRA–B. Healy; 80-81, ESA/IPEV/ENEAA/A. Kumar & E. Bondoux; 82-3, Neil Scheibelhut/HI-SEAS, University of Hawaii; 84-5, Oleg Abramov/HI-SEAS, University of Hawaii; 85, Christiane Heinicke; 86, NASA; 87, Carolynn Kanas; 88-9, NASA; 90-91, EPA/NASA/CSA/Chris Hadfield; 91, NASA; 92-3, NASA; 94-5, Phillip Toledano; 96, NASA/Bill Ingalls; 97 (UP), NASA/Robert Markowitz; 97 (LO), NASA/Robert Markowitz; 98, IBMP RAS; 98-9, ESA—S. Corvaja; 100-101, Mars Society MRDS; 102-103, Mars Society MRDS; 103, Mars Society MRDS; 104, NASA; 105, Jim Pass; 106-107, ESA/DLR/FU Berlin–G. Neukum, image processing by F. Jansen (ESA); 107, ESA/DLR/FU Berlin; 108-109, NASA/JPL/ASU; 110-11, NASA/Goddard Space Flight Center Scientific Visualization Studio; 111 (UP LE), NASA/JPL-Caltech; 111 (UP RT), NASA; 111 (LO), NASA/JPL/University of Arizona; 112-13, NASA/JPL/University of Arizona; 114, NASA/JPL-Caltech/MSSS; 116, National Geographic Channels/Robert Viglasky; 119, NASA/Wallops BPO; 123, NASA/Emmett Given; 125, NASA/Artwork by Pat Rawlings (SAIC); 126, Percival Lowell (PD-1923); 127, NASA; 128-9, NASA Langley Research Center (Greg Hajos & Jeff Antol)/Advanced Concepts Lab (Josh Sams & Bob Evangelista); 130-31, Kenn Brown/Mondolithic Studios; 132, NASA/Bill Stafford/Johnson Space Center; 133, NASA/Bill Stafford and Robert Markowitz; 134-5, © Foster + Partners; 136, NASA/Artwork by Pat Rawlings (SAIC); 137, Jim Watson/AFP/Getty Images; 138-9, NASA/Bigelow Aerospace; 140, Data: MOLA Science Team; Art: Kees Veenenbos; 140-141, NASA/JPL/USGS; 142-3, NASA/Ken Ulbrich; 144, Haughton-Mars Project; 145, SETI Institute; 146-7, Bryan Versteeg/Spacehabs.com; 148-9, NASA/JPL/University of Arizona; 149, NASA/JPL-Caltech/Univ. of Arizona; 150-151, NASA/Goddard Space Flight Center Scientific Visualization Studio; 151 (UP LE), NASA/JPL-Caltech; 151 (UP RT), NASA; 151 (CTR), NASA/JPL/University of Arizona; 151 (LO), Carsten Peter/National Geographic Creative; 152-3, Carsten Peter/National Geographic Creative; 154, Joydeep, Wikimedia Commons at https://en.wikipedia.org/wiki/Cyanobacteria#/media/File:Blue-green_algae_cultured_in_specific_media.jpg (photo), http://creativecommons.org/licenses/by-sa/3.0/legalcode (license); 156, National Geographic Channels/Robert Viglasky; 159, NASA/JPL-Caltech/Univ. of Arizona; 163, NASA/JPL-Caltech/Cornell/MSSS; 166-7, Carsten Peter/National Geographic Creative; 168-9, Carsten Peter/National Geographic Creative; 170, Mark Thiessen/National Geographic Creative; 171, Image Courtesy of the New Mexico Institute of Mining and Technology; 172-3, Trista Vick-Majors and Pamela Santibáñez, Priscu Research Group, Montana State University, Bozeman; 174-5, ESA; 176, DLR (German Aerospace Center); 177, George Steinmetz/National Geographic Creative; 178-9, Kevin Chodzinski/National Geographic Your Shot; 179, Diane Nelson/Visuals Unlimited; 180-81, NASA/JPL/Ted Stryk; 182, Wieger Wamelink, Wageningen University & Research; 182-3, Jim Urquhart/Reuters; 184, NASA/JPL-Caltech/Lockheed Martin; 185, Paul E. Alers/NASA; 186-7, DLR (German Aerospace Center); 188-9, ESA; 190, NASA/JPL-Caltech/Cornell/MSSS; 190-191, NASA/JPL-Caltech/MSSS; 192, NASA; 193, NASA; 194-5, NASA/JPL-Caltech/Univ. of Arizona; 196-7,

NASA/Goddard Space Flight Center Scientific Visualization Studio; 197 (UP LE), NASA/JPL-Caltech; 197 (UP RT), NASA; 197 (CTR), NASA/JPL/University of Arizona; 197 (LO LE), Carsten Peter/National Geographic Creative; 197 (LO RT), ESA/J. Mai; 198-9, ESA/J. Mai; 200, Official White House Photo by Chuck Kennedy; 202, National Geographic Channels/Robert Viglasky; 205, Andrew Bodrov/Getty Images; 209, ESA/IBMP; 212-13, ESA–Stephane Corvaja, 2016; 214, Reuters/Abhishek N. Chinnappa; 214-15, Punit Paranjpe/AFP/Getty Images; 216-17, AP Photo/Kamran Jebreili; 218, Trey Henderson; 218-19, SpaceX; 220-21, SpaceX; 222, NASA; 223, David M. Scavone; 224-5, NASA/Bill Ingalls; 226-7, Lockheed Martin; 228-9, Al Seib/Los Angeles Times/Getty Images; 230, Blue Origin; 230-31, Blue Origin; 232, NASA; 233, Courtesy Marcia Smith; 234-5, NASA; 236-7, NASA/JPL-Caltech/Lockheed Martin; 238-9, NASA/JPL/Cornell; 240, SEArch/CloudsAO; 240-41, NASA/Goddard Space Flight Center Scientific Visualization Studio; 241 (UP LE), NASA/JPL-Caltech; 241 (UP RT), NASA; 241 (CTR), NASA/JPL/University of Arizona; 241 (LO LE), Carsten Peter/National Geographic Creative; 241 (LO RT), ESA/J. Mai; 242-3, SEArch/CloudsAO; 244, Courtesy NASA/JPL-Caltech; 246, National Geographic Channels/Robert Viglasky; 249, Reproduced courtesy of Bonestell LLC; 253, Natalia Kolesnikova/AFP/Getty Images; 256-7, Maciej Rebisz; 258-9, Alexander Koshelkov; 260, Team Space Exploration Architecture/Clouds Architecture/NASA; 260-61, LavaHive Consortium; 262, Techshot, Inc.; 263, Photo from Eugene Boland courtesy of Practical Patient Care magazine; 264, Dr. Dava Newman, MIT: BioSuit™ inventor; Guillermo Trotti, A.I.A., Trotti and Associates, Inc. (Cambridge, MA): BioSuit™ design; Michal Kracik: BioSuit™ helmet design; Dainese (Vincenca, Italy): Fabrication; Douglas Sonders: Photography; 265 (LE), Dr. Dava Newman, BioSuit™ inventor/Guillermo Trotti, Trotti Studio, BioSuit™ design/Michal Kracik, BioSuit™ helmet

design; 265 (RT), Dr. Dava Newman, BioSuit™ inventor/Guillermo Trotti, Trotti Studio, BioSuit™ design/ Michal Kracik, BioSuit™ helmet design; 266-7, ZA Architects; 268, DEA/C. Dani/I. Jeske/Getty Images; 268-9, Data: MOLA Science Team; Art: Kees Veenenbos; 270-1, Navid Baraty; 272, NASA/Neil A. Armstrong; 273, Rebecca Hale/National Geographic Staff; 274-5, NASA/JPL-Caltech/MSSS; 276-7, NASA/JPL/ Texas A&M/Cornell; 278-9, Julien Mauve.

地圖出處

火星各半球地圖（6-9，12-15頁）
Base Map: NASA Mars Global Surveyor; National Geographic Society.
Place Names: Gazetteer of Planetary Nomenclature, Planetary Geomatics Group of the USGS (United States Geological Survey) Astrogeology Science Center *planetarynames.wr.usgs.gov.*
IAU (International Astronomical Union) *iau.org.*
NASA (National Aeronautics and Space Administration) *nasa.gov.*

東美拉斯可能的人類探索區域（EZ）地圖（29頁）
Data from: "Landing Site and Exploration Zone in Eastern Melas Chasma," A. McEwen, M. Chojnacki, H. Miyamoto, R. Hemmi, C. Weitz, R. Williams, C. Quantin, J. Flahaut, J. Wray, S. Turner, J. Bridges, S. Grebby, C. Leung, S. Rafkin LPL, University of Arizona, Tucson, AZ 85711 (mcewen@lpl.arizona.edu), University of Tokyo, PSI, Université Lyon, Georgia Tech, University of Leicester, British Geological Survey, SwRI-Boulder.
THEMIS daytime-IR mosaic base map: NASA/JPL/Arizona State University/THEMIS.

人類在火星表面可能的探索區域（58-59頁）
Data assembled by Dr. Lindsay Hays, Jet Propulsion Laboratory-Caltech.
Topography Base Map: NASA Mars Global Surveyor (MGS); Mars Orbital Laser Altimeter (MOLA).

索引

火星時代
人類拓殖太空的挑戰與前景

作　　者：李奧納德·大衛

翻　　譯：姚若潔

主　　編：黃正綱

資深編輯：魏靖儀

責任編輯：蔡中凡

文字編輯：許舒涵、王湘俐

美術編輯：吳立新

行政編輯：秦郁涵

發 行 人：熊曉鴿

總 編 輯：李永適

印務經理：蔡佩欣

美術主任：吳思融

發行副理：吳坤霖

圖書企畫：張育騰

出 版 者：大石國際文化有限公司

地　　址：台北市內湖區堤頂大道二段181
　　　　　號3樓

電　　話：(02) 8797-1758

傳　　真：(02) 8797-1756

印　　刷：群鋒企業有限公司

2017 年（民 106）6 月初版

定價：新臺幣 880 元 ／ 港幣 294 元

本書正體中文版由

National Geographic Partners, LLC.

授權大石國際文化有限公司出版

版權所有，翻印必究

ISBN：978-986-94834-2-1（精裝）

＊ 本書如有破損、缺頁、裝訂錯誤，
請寄回本公司更換

總代理：大和書報圖書股份有限公司

地　　址：新北市新莊區五工五路 2 號

電　　話：(02) 8990-2588

傳　　真：(02) 2299-7900

國家地理學會是全球最大的非營利科學與教育組織之一。在 1888 年以「增進與普及地理知識」為宗旨成立的國家地理學會，致力於激勵大眾關心地球。國家地理透過各種雜誌、電視節目、影片、音樂、無線電臺、圖書、DVD、地圖、展覽、活動、教育出版課程、互動式多媒體，以及商品來呈現我們的世界。《國家地理》雜誌是學會的官方刊物，以英文版及其他 40 種國際語言版本發行，每月有 6000 萬讀者閱讀。國家地理頻道以 38 種語言，在全球 171 個國家進入 4 億 4000 萬個家庭。國家地理數位媒體每月有超過 2500 萬個訪客。國家地理贊助了超過 1 萬個科學研究、保育，和探險計畫，並支持一項以增進地理知識為目的的教育計畫。

國家圖書館出版品預行編目（CIP）資料

火星時代：人類拓殖太空的挑戰與前景
李奧納德·大衛 著；姚若潔 翻譯 . -- 初版 . -- 臺
北市：大石國際文化，
民 106.6　288 頁；21.7× 26 公分
譯自：Mars : Our Future on the Red Planet
ISBN 978-986-94834-2-1（精裝）
1. 火星 2. 太空探測

323.33　　　　　　　　　　106008174

Text copyright © 2016 Leonard David.
Compilation copyright © 2016 National Geographic
Partners, LLC.
Copyright Complex Chinese edition © 2017 National
Geographic Partners, LLC.
All rights reserved. Reproduction of the whole or any part of
the contents without written permission from the publisher
is prohibited.